黑龙江省优秀学术著作
"十三五"国家重点出版物出版规划项目
现代土木工程精品系列图书

FRP-混凝土组合桥面板受力性能研究与分析

郭诗惠　著

哈尔滨工业大学出版社

内 容 简 介

本书通过试验研究与理论分析的方法对设计提出的 GFRP-混凝土组合桥面板的界面连接性能、静力性能和疲劳性能展开研究；根据研究结果对 FRP-混凝土组合桥面板的理论设计进行研究，给出了 GFRP-混凝土组合板的刚度计算方法、抗弯和抗剪承载力计算方法以及界面的设计方法。本书共分 7 章，第 1 章为绪论；第 2 章为 FRP-混凝土组合桥面板的设计；第 3 章为 FRP-混凝土组合桥面板界面抗剪性能研究；第 4 章为 FRP-混凝土组合桥面板静力性能试验研究；第 5 章为 FRP-混凝土组合桥面板疲劳性能试验研究；第 6 章为 FRP-混凝土组合板的理论设计方法研究；第 7 章为结论与展望。

本书可供高等学校相关专业研究生及土木工程领域的研究人员参考使用。

图书在版编目（CIP）数据

FRP-混凝土组合桥面板受力性能研究与分析/郭诗惠著. — 哈尔滨：哈尔滨工业大学出版社，2021.10
ISBN 978-7-5603-8547-1

Ⅰ. ①F… Ⅱ. ①郭… Ⅲ. ①混凝土-界面结构-粘结性-研究 Ⅳ.①TU528.01

中国版本图书馆 CIP 数据核字（2019）第 229541 号

策划编辑　王桂芝
责任编辑　刘　威
出版发行　哈尔滨工业大学出版社
社　　址　哈尔滨市南岗区复华四道街 10 号　邮编 150006
传　　真　0451-86414749
网　　址　http://hitpress.hit.edu.cn
印　　刷　黑龙江艺德印刷有限责任公司
开　　本　720mm×1000mm　1/16　印张 12　字数 235 千字
版　　次　2021 年 10 月第 1 版　2021 年 10 月第 1 次印刷
书　　号　ISBN 978-7-5603-8547-1
定　　价　58.00 元

（如因印装质量问题影响阅读，我社负责调换）

前　　言

$\diamond$ ----------------- $\diamond$

　　FRP-混凝土组合桥面板是一种新型的桥面板体系，具有轻质、高强、耐腐蚀、抗疲劳等优势，能解决传统混凝土桥面板在恶劣自然环境下钢筋锈蚀、混凝土劣化等问题，是替代传统结构的一种理想的结构体系。然而由于技术储备及风险因素，FRP-混凝土组合桥面板在实际工程中仅应用在人行天桥及中小跨度的公路桥梁中。

　　基于 FRP 材料和混凝土材料的特性优势，FRP-混凝土组合桥面板在工程中的应用前景非常广阔，经合理优化设计的 FRP-混凝土组合桥面板更适合应用于大跨度桥梁结构中。各种形式的新型 FRP-混凝土组合桥面板的研究和应用将带来传统桥梁结构的重大变革，并能产生显著的经济效益和社会效益。

　　为进一步推广 FRP-混凝土组合桥面板的实际工程应用，本书通过试验研究与理论分析的方法对 GFRP-混凝土组合桥面板展开研究。本书主要介绍 FRP-混凝土组合桥面板的设计思路和设计应考虑的主要因素，给出本书研究的 GFRP-混凝土组合桥面板的最终设计方案；对组合板的界面进行抗剪试验研究和理论分析，分析影响 GFRP-混凝土组合桥面板界面粘接强度的主要因素；根据界面抗剪试验结果，选取界面制作 GFRP-混凝土组合桥面板试件，并开展静力性能和疲劳性能试验研究和理论分析，分析其典型破坏形态、承载力和刚度影响因素；对 FRP-混凝土组合桥面板的理论设计进行研究，给出 GFRP-混凝土组合桥面板的刚度计算方法、抗弯和抗剪承载力计算方法及界面的设计方法。

　　本书由南阳理工学院郭诗惠撰写。本书的研究工作得到了如下资助：河南省科技厅基础与前沿技术研究项目，GFRP-混凝土组合板界面抗滑移性能研究（152300410017）；长沙理工大学湖南省高校重点实验室开放基金项目，界面优化下 GFRP-混凝土组合板抗弯性能试验研究（14KA01）；河南省科技厅科技攻关-国际合作项目，GFRP-混凝土组合桥面板动力性能研究与分析（182102410068），在此一并表示感谢。

由于作者水平有限，书中难免存在疏漏及不足之处，欢迎广大读者批评、指正，并希望给予宝贵意见。

作　者

2021 年 6 月

目　　录

第1章 绪 论

1.1 研究的目的与意义

根据我国国家统计局公布的数据，2015 年我国国内生产总值（GDP）为 10.386 万亿美元，为 2006 年我国 GDP（2.68 万亿美元）的 3.88 倍，位居世界第二。近年来，随着我国经济的发展和科技的进步，基础设施建设也在迅猛发展，国家在基础工程建设中投入了巨额资金。根据交通运输部统计，2015 年我国完成交通固定资产投资 26 659 亿元，占全社会固定资产投资的 4.7%。在基础设施中投入了如此巨大的资金，因此如何使基础设施保证良好的使用状态也成为一个研究热点。

中国工程院重大咨询项目"我国腐蚀状况及控制战略研究"调查结果表明，2014 年，我国全行业腐蚀总成本约占国内生产总值（GDP）的 3.34%，达到 21 278.2 亿元，相当于每位公民需承担约 1 555 元的腐蚀成本。2014 年，我国自然灾害经济损失为 3 378.8 亿元，由此可见，腐蚀总成本是自然灾害损失的 6.21 倍。腐蚀是世界各国共同面临的问题，腐蚀成本远大于自然灾害及各类事故损失。在腐蚀总成本中，建筑与基础设施腐蚀占 40%左右，基础设施腐蚀破坏后的修复工作复杂，修复费用更高，腐蚀造成的经济损失是巨大的。2013 年，美国 ASCE 发布的报告指出，美国 607 380 座桥梁每年的维修费用高达 910 亿美元。世界上其他国家都存在着基础设施的严重腐蚀破坏和修复费用高昂的情况：英国每年应用在修复海洋环境下的钢筋锈蚀费用高达 20 亿英镑；加拿大有关部门估算，要将受损的基础设施全部修复需要 5 000 亿美元的高额费用；瑞士每年用于桥面检测及维护的费用高达 8 000 万瑞士法郎。基础设施腐蚀不仅将产生巨额的经济损失，还严重影响基础设施的正常使用，并且会造成安全事故隐患。

　　混凝土结构是基础设施建设的主要结构类型，具有承载力高、受力性能良好、施工技术成熟等优势。然而，混凝土结构的受力性能受外界环境和工作条件的影响很大，例如，由于气候变化，大气中 CO_2 的浓度升高和空气中的湿度增大而导致混凝土结构碳化引起钢筋锈蚀；在近海地区、沿海地区氯离子含量较高和寒冷地区混凝土结构表面除冰盐的使用，使氯离子渗透到混凝土内破坏钢筋表面的钝化膜而导致钢筋锈蚀。在恶劣的自然环境中，基础设施腐蚀破坏更加严重，大量资料显示，海港、水利、公路、桥梁等基础设施工程的腐蚀破坏主要是由于钢材锈蚀引起的。钢筋锈蚀不仅降低了混凝土结构的受力性能，而且降低了混凝土结构的长期耐久性和结构的安全性能。

　　随着社会进步和经济发展，我国的基础设施建设得到了空前发展，并且取得了巨大成就。截至 2015 年年底，全国铁路营业里程达到 12.1 万 km，全国公路总里程达到 457.73 万 km，全国公路桥梁达到 77.92 万座，总长度达 4 592.77 万 m。大规模的基础设施建设在我国还将持续，到 2030 年我国还将新建 2 万 km 以上的高速公路，在高速公路的建设中涉及许多跨越长江、黄河和海峡的大型桥梁和穿山隧道、海峡通道等重大工程。为缓解城市交通压力，大型复杂立交桥、城市轻轨、城市地铁及地下建筑物等工程需要持续建设。如此大规模的基础设施建设彰显出我国的经济实力和科技进步，然而如何解决钢筋锈蚀和增强混凝土的耐久性，已经成为土木工程中一个亟待解决的问题。

　　桥梁工程作为基础设施的一部分，近年来在我国得到了快速发展，并取得了巨大的成就。我国建成的悬索桥、斜拉桥、拱桥和梁桥这四类桥梁的跨径均已居世界同类桥梁跨径的前列。在桥梁工程中，钢筋混凝土结构、钢-混凝土组合结构及钢结构是常采用的结构形式，钢材和混凝土是应用量最大的材料。相比其他基础工程而言，桥梁长期暴露在自然环境中，加上寒冷地区除冰盐的使用，所处的环境更加恶劣，钢材锈蚀和混凝土结构劣化更为严重，这不仅将产生巨额的维护费用，还会影响结构的正常使用，甚至存在安全事故隐患。在桥梁结构中，桥面板通常是直接承受超载、腐蚀、疲劳等不利因素作用的构件，传统的钢筋混凝土桥面板或正交异性钢桥面板在一些恶劣的环境作用下易锈蚀、开裂、剥离，甚至塌陷。许多年来人们一直在探索采用新的有效和可靠的建筑材料来替代传统材料，FRP 材料的出现使它成为桥梁工程中的新选择。

FRP 材料质轻高强、耐腐蚀、抗疲劳，是桥面结构材料的新选择。近年来，各种形式的 FRP 空心桥面板被国内外的学者们研究并在工程中得到应用，FRP 空心桥面板具有自重轻、耐腐蚀、可设计性强、可标准化生产等优点，不仅可以应用到新建桥梁中，还可以用于旧桥的快速修复中。由于 FRP 材料的价格较高，与传统混凝土桥面板相比，FRP 桥面板没有价格优势，但其施工方便、后期维护费用低等带来的综合效益较高。以美国的短跨桥梁为例，采用 FRP 结构的日常维护费用仅为钢筋混凝土结构的 1/5，维修改造费用仅为钢筋混凝土结构的 1/2。另外，相比传统桥面板而言，FRP 空心桥面板的刚度较低，使其在工程应用中受到限制。为了解决 FRP 桥面板价格高和刚度低等问题，一些学者开始研究 FRP-混凝土组合桥面板。

FRP-混凝土组合桥面板是根据钢-混凝土组合结构的设计思路提出的一种新型的桥面结构体系，是在一定规格的 FRP 型材上浇注混凝土，将混凝土材料放在结构的受压区，FRP 型材放在结构的受拉区，二者之间通过合理的连接方式结合起来共同受力的一种组合板体系。和全 FRP 桥面板相比，FRP-混凝土组合桥面板具有承载力高、刚度大、价格低、材料强度能充分利用等优势。和传统的钢筋混凝土桥面板相比，FRP-混凝土组合桥面板具有如下优势：

（1）FRP 材料的良好耐腐蚀性能可以降低桥梁结构的维护费用，有效延长桥梁结构的使用寿命，从而提高结构的耐久性。

（2）FRP 材料轻质高强的特点可以大大减轻桥梁结构自重，这不但能有效减小桥梁结构地震作用，而且可以增大桥梁极限跨度。

（3）FRP 材料具有良好的抗疲劳性能，另外，在组合桥面板中混凝土主要位于受压区，很少开裂，不会引起结构疲劳累积损伤的快速发展。

（4）FRP 型材在施工过程中可起到永久模板作用，从而实现快速施工，并且容易保证施工质量。尤其是在对旧桥的桥面板进行修复和更换时，可以缩短工期、减小对交通的影响。

（5）在 FRP-混凝土组合桥面板中，可以将 FRP 型材设计成空腔，与高强轻骨料混凝土结合形成 FRP 空心板-混凝土组合桥面板，可以进一步提高组合桥面板的受力性能。

目前国内外已在多个新建工程中采用 FRP-混凝土组合桥面板，或在旧桥加固中采用组合板更换旧有混凝土桥面板，但这些应用也仅限于人行天桥、景观桥及小跨度的公路桥中。基于 FRP 材料和混凝土材料的特性优势，FRP-混凝土组合板在工程中的应用前景非常广阔，经合理优化设计的 FRP-混凝土组合板更适合应用于大跨度桥梁结构中。各种新型 FRP-混凝土组合桥面板的研究和应用将带来传统桥梁结构的重大变革，并能产生显著的经济效益和社会效益。

1.2 FRP 材料在土木工程中的应用

1.2.1 FRP 材料

纤维增强复合材料（Fiber Reinforced Polymer，FRP），是由纤维材料与基体材料按一定比例混合并经过一定工艺复合形成的高性能材料。在 FRP 材料中，纤维是主要受力材料，常用的有碳纤维、玻璃纤维、芳纶纤维等。基体的作用是粘接纤维，形成设计所需的形状及尺寸，主要有树脂、金属和陶瓷基体等，其中树脂基体应用最为广泛，主要有环氧树脂、不饱和聚酯树脂、酚醛树脂和乙烯树脂等。

通常根据纤维的种类对 FRP 进行分类，常用的 FRP 主要有 CFRP（碳纤维增强复合材料）、GFRP（玻璃纤维增强复合材料）、AFRP（芳纶纤维增强复合材料）和BFRP（玄武岩纤维增强复合材料）等。

（1）碳纤维。

碳纤维（Carbon Fiber，CF），是指化学组成中碳元素占总质量 90% 以上的无机高分子纤维，其中含碳量（质量分类）高于 99% 的为石墨纤维。碳纤维兼具碳材料强抗拉力和纤维柔软可加工性两大特征，是一种力学性能优异的新材料。碳纤维材料具有典型的各向异性，沿纤维长度方向具有很高的拉伸强度、弹性模量，而垂直于纤维方向的拉伸强度和弹性模量均较低；碳纤维的密度小，碳纤维增强材料的比强度及比模量在现有结构材料中是最高的；碳纤维热膨胀系数小，不仅耐热性能强（能耐 3 000 ℃以上的高温），而且也具有良好的耐低温性能（在液态氮温度下也不脆化）。碳纤维具有较强的耐腐蚀性能，对一般的有机溶剂、酸、碱都具有良好的耐腐蚀性能；碳纤维耐冲击性能较差，在冲击荷载作用下易损伤；碳纤维还具有抗辐射、耐油等特性。

碳纤维自面世以来，其生产和技术主要集中在日本、美国、中国台湾等少数的国家和地区中，2009 年碳纤维的产能分布如图 1.1 所示。我国碳纤维研究起步较晚，并且长期处于研究进展缓慢的阶段，直到 21 世纪因需求量较大而使碳纤维在我国得到迅猛发展。碳纤维生产技术的落后制约着我国碳纤维行业的发展，一些高性能碳纤维的需求还依赖进口。

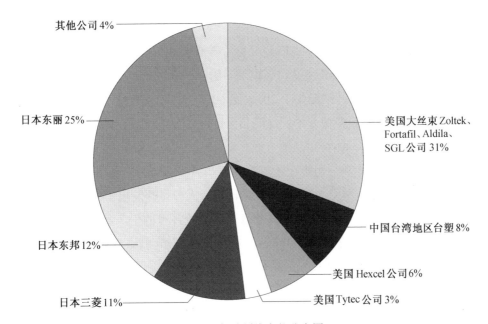

图 1.1 2009 年碳纤维产能分布图

目前，碳纤维广泛应用于航空航天、汽车制造、体育器材、土木工程、能源发电系统和医疗卫生器械等领域。碳纤维受力性能稳定、轻质高强、耐腐蚀抗疲劳性能好且具有低蠕变特性，但其延伸率较小、价格较高，在土木工程中主要应用于结构的加固补强中。

（2）玻璃纤维。

玻璃纤维（Glass Fiber，GF），是以玻璃为原料，经高温熔制、拉丝等工艺制造而成的一种性能优异的无机非金属材料，具有强度高、耐高温、耐腐蚀、阻燃、绝缘、隔热等特性。玻璃纤维的主要成分有 SiO_2、Al_2O_3、MgO、CaO、Na_2O、B_2O_3 等金属氧化物或非金属氧化物，根据这些氧化物的含量不同可生产出不同成分的玻璃纤维。根据玻璃纤维中碱含量的多少，分为无碱玻璃纤维（E-glass）、中碱玻璃纤维（C-glass）和高强玻璃纤维（S-glass）。无碱玻璃纤维应用最为广泛，不导电，具有良好的绝缘性能和机械性能，但其易被无机酸腐蚀，不能用在酸性环境中；中碱玻璃纤维的耐酸性能优于无碱玻璃纤维，但其绝缘性能、机械性能和价格也均低于无碱玻璃纤维；高强玻璃纤维具有高强度、高模量，但其价格昂贵，主要应用于军工、防弹及运动器械领域中。

（3）芳纶纤维。

芳纶纤维（Aramid Fiber，AF），又称芳香族聚酰胺纤维，是一种高性能合成有机纤维，具有质量轻、超高强度、高模量、耐酸碱腐蚀、耐高温、良好的绝缘性能和抗老化等性能。芳纶纤维诞生于 20 世纪 60 年代末，最初主要用于航空航天和军工领域中，现在已经有多种芳纶纤维产品问世，被广泛应用于航天航空、机电设备、建筑工程、汽车制造、体育用品等方面。

1972 年，美国杜邦公司推出了芳纶纤维产品（Kevlar 纤维），并保持长达近二十多年的垄断。到 20 世纪 80 年代末期，日本帝人公司开发出了 Technora（HM-50）和 Twaron 芳纶纤维产品。我国 2004 年才开始芳纶纤维的生产和应用，2011 年，我国烟台泰和新材的芳纶纤维产品 Tametar 实现了商业化运营。目前，我国芳纶纤维的发展已经被列入《国家高新技术产品目录》和《十二五战略新兴产业发展规划》中。

（4）玄武岩纤维。

玄武岩纤维（Basalt Fiber，BF）是新型的矿石纤维，它以天然的火山喷出岩为原料，将其破碎后加入熔窑中，在 1 450～1 500 ℃熔融后，通过铂铑合金拉丝漏板制成连续纤维。它与碳纤维、玻璃纤维、芳纶纤维及其他高科技纤维相比，具有很多独特的优点，如力学性能佳、耐高温性能好、可在-269～700 ℃范围内连续工作、耐酸耐碱、抗紫外线性能强、吸湿性低，有更好的耐环境性能，此外，还有绝缘性能好、高温过滤性佳、抗辐射良好的透波性能等优点。

表 1.1 给出了 GFRP、CFRP 和 AFRP 三种常用纤维和钢材的主要力学性能指标，从表中可以看出，与钢材相比，纤维复合材料具有密度小、抗拉强度高、热膨胀系数小、比强度高、比模量高（GFRP 除外，其比模量和钢材相当）等优势，但也存在着弹性模量低、延伸率低、最终材料破坏是脆性破坏等缺陷。其中，土木工程领域用量较多的是 CFRP 和 GFRP，其中 CFRP 性能优于 GFRP，但 CFRP 材料的价格要高于 GFRP 材料。

表 1.1 三种常用纤维和钢的主要力学性能指标

材料种类		密度 /(g·m⁻³)	抗拉强度 /GPa	弹性模量 /GPa	热膨胀系数 /(×10⁻⁶ ℃⁻¹)	延伸率 /%	比强度 /GPa	比模量 /GPa
玻璃纤维	E-glass	2.55	3.5	74	5	4.8	1.37	29
	C-glass	2.52	3.3	68.9	6.3	4.8	1.31	27
	S-glass	2.49	4.9	84	2.9	5.7	1.97	34
	M-glass	2.89	3.5	110	5.7	3.2	1.21	38
碳纤维	标准型	1.75	3.5	235	−0.41	1.5	2.00	134
	高强型	1.81	5.6	300	−0.56	1.7	3.09	166
	高模型	1.88	4.0	485	−0.6	0.8	2.13	213
	极高模型	2.18	2.2	830	−1.4	0.3	1.01	381
芳纶纤维	Kelvar 49	1.44	3.6	125	−2.0	2.5	2.50	87
	Kelvar149	1.45	2.9	165	−3.6	1.3	2.00	114
钢	HRB400	7.8	0.42	200	12	7.5	0.05	26
	高强钢绞线	7.8	1.86	205	12	3.5	0.24	26

1.2.2 FRP 材料的工程应用

1. 混凝土结构的加固与修复

混凝土结构在使用过程中由于受到外界因素、自然环境的影响，或者遭受地震、火灾等不利因素的作用，使混凝土结构损伤、材料老化，为保证结构的正常工作，需要对受损的混凝土结构进行加固与修复。粘贴钢板加固法是传统的加固方法之一，具有施工工艺成熟、技术可靠、短期加固效果好的优点，在混凝土结构加固中应用最多。实际加固工程应用显示，采用粘贴钢板加固混凝土，会出现钢板和混凝土剥离现象，另外，在恶劣的环境下会出现钢板锈蚀现象，这都会影响加固效果，甚至引起加固失效。

近年来，常采用高性能新型材料（纤维布和纤维板）代替钢板对受损的混凝土结构进行加固与修复。和钢板相比，FRP 材料密度小、抗拉强度高、耐腐蚀、受拉至破坏前其应力应变基本上呈线弹性。对混凝土结构进行加固，就是利用纤维材料的高抗拉性能，将纤维布缠绕在结构表面或将纤维板贴在结构的受拉部位，与混凝土结构协同工作，起到结构加固与补强的作用。在诸多纤维材料中，CFRP 材料的力学性能最好，在混凝土结构加固中应用最为广泛。

　　FRP 加固混凝土结构技术在 20 世纪 80 年代由瑞士的 Meier 等人率先研究，并用 CFRP 板成功加固了瑞士的 Ibach 桥。此后，用 FRP 加固混凝土结构的技术在美国、日本、加拿大及一些欧洲国家得到快速发展和实际工程应用。这些国家先后出版了 FRP 加固混凝土结构的设计规程或指南。我国在 1998 年以后才开始对这项技术进行系列研究，并在人民大会堂等重要工程的加固改造中应用。相关研究部门在 2000 年 11 月完成了《碳纤维片材加固修复混凝土结构技术规程》的征求意见稿，并于 2003 年正式出版，2007 年对这项技术规程进行了二次修订。

　　目前，FRP 加固混凝土结构通常主要有三种方式：

　　（1）用 FRP 布对混凝土柱进行缠绕包围，使混凝土处于三向受压状态来提高混凝土柱的抗压强度和抗震性能。

　　（2）将 FRP 布（板）粘贴在混凝土梁、板受拉面，可以有效控制裂缝的发展，并能有效提高抗弯承载力；或将 FRP 布（板）粘贴在混凝土梁的侧面，能提高梁的抗剪承载力。

　　（3）在混凝土梁剪跨段或混凝土柱受剪力较大的部位采用 FRP 片材包裹或 U 形箍，可以提高混凝土梁、柱的抗剪承载力。

　　采用方式（1）的加固方法，FRP 材料强度利用率高、加固效果好；方式（2）和（3）不能充分利用 FRP 的强度，且容易发生 FRP 与混凝土界面的剥离破坏。随着研究的深入与实际工程应用情况反馈，采用粘贴碳纤维材料的加固方法存在许多不足与缺陷，例如采用 FRP 片材加固混凝土结构，由于 FRP 片材的宽度较小，加固效果受到影响，碳纤维材料的强度利用效率较低。如果要更好地发挥出碳纤维材料的高强性能，最好的方法就是对 FRP 材料施加预应力。近年来，国内外学者开始发展预应力 FRP 片材、FRP 网格、FRP 筋嵌入及 FRP 索体外预应力加固混凝土结构技术。FRP 也可以用于钢结构、木结构和砌体结构的加固。FRP 加固混凝土结构的实例如图 1.2 所示。

（a）用碳纤维布缠绕混凝土柱　　　　　　（b）用碳纤维布粘贴在梁、板的表面

（c）某高速公路桥梁加固　　　　　（d）粘贴预应力碳纤维板对某桥梁的加固

图 1.2　FRP 加固混凝土结构的实例

2. FRP 筋混凝土结构

将连续纤维浸于热硬性树脂中，胶合后经过特制的模具挤压、拉拔工序就形成了 FRP 筋。和普通钢筋（HPB400 级）相比，FRP 筋密度小，质量仅为同体积钢筋的 1/4；拉伸强度高，约为钢筋强度的 5～10 倍；耐腐蚀性能好，能抵抗氯离子和酸性溶液的侵蚀，抗碳化物侵蚀性更好；电磁绝缘性好，可以在一些特殊的建筑中用 FRP 筋代替钢筋，能避免钢筋产生的磁场的不利影响。另外，FRP 筋和混凝土的热膨胀系数接近，有利于环境温度变化下 FRP 筋与混凝土的协同工作。因此，在混凝土结构中用 FRP 筋代替钢筋，可以有效解决在恶劣环境下钢筋锈蚀问题，提高结构的耐久性。几种 FRP 筋、HRB335 级钢筋和高强钢丝的物理力学性能指标见表 1.2。

表 1.2　几种 FRP 筋、HRB335 级钢筋和高强钢丝的物理力学性能指标

类　　别	密度/(kg·m⁻³)	弹性模量/GPa	抗拉强度/GPa	延伸率	破坏形式
CFRP 筋	1 810	300	5.6	1.7%	脆性破坏
GFRP 筋	2 550	74	3.5	4.8%	脆性破坏
AFRP 筋	144	125	3.6	2.5%	脆性破坏
HRB335 级钢筋	7 800	200	435	7.5%	塑性破坏
高强钢丝	7 800	205	1 860	3.5%	脆性破坏

20 世纪 60 年代，为解决道路和桥梁中混凝土内钢筋锈蚀严重的情况，美国学者进行了用 FRP 筋代替钢筋应用到混凝土结构中的研究，随后日本、德国、加拿大等国家在这项领域的研究占据了领先地位，制定了相应的设计指南、标准、规范，为 FRP 筋混凝土结构的工程应用奠定了基础，并在许多实际工程中进行应用。我国对 FRP 筋的研究起步比较晚，20 世纪 90 年代中期才开始 GFRP 筋的初步研究，经过 20 多年的不断研究，FRP 筋的研究在我国已经得到了突飞猛进的发展，并取得了一些有益的成果。

FRP 筋主要有 CFRP 筋、GFRP 筋、AFRP 筋、BFRP 筋和 SGFRP（钢绞线-GFRP 复合）筋等，其中，CFRP 筋和 GFRP 筋应用较为广泛，如图 1.3 和图 1.4 所示。CFRP 筋价格较高，具有高强度、高弹性模量、良好的耐久性和优异的抗疲劳及低蠕变性能，目前许多工程采用 CFRP 筋（索）替代高强钢丝或钢绞线作为预应力筋应用到桥梁中的预应力混凝土中，CFRP 索还可以应用于大型斜拉桥和悬索桥的拉索中；GFRP 筋具有相对低廉的价格和优异的性能，在土木工程中是代替钢筋的首选新型结构材料之一。同时，由于 GFRP 筋系非铁性材料，可以应用在煤矿坑道中用于临时支护和锚固，避免使用过程中产生火花而引起安全问题；GFRP 筋可以作为对电磁要求高的设备基础的加强筋，如应用于医疗核磁共振设备的基础中；GFRP 筋优良的耐酸、耐盐特性，使其可以作为化工厂混凝土结构设施中的加强筋；GFRP 筋可以用于山体和大坝等土体的加固及基坑支护中。GFRP 筋的价格要高于普通钢筋，但是考虑到施工费用和后期维护费用，GFRP 筋的综合应用价格远远低于普通钢筋。

图 1.3 深圳地铁科技园的 GFRP 加强筋 图 1.4 成都地铁 1 号线的人工挖孔围护桩

FRP 筋在土木工程中有广阔的应用前景，但是需要注意的是，FRP 筋的力学性能与 FRP 的材料构成和生产工艺等均有关系，另外 FRP 筋没有明显的屈服点，在破坏前一直表现为线弹性，因此不能将其按普通钢筋来进行计算，应在设计中充分考虑、采取合理的设计方法。

3. FRP 结构

FRP 结构包括纯 FRP 结构和 FRP 组合结构。纯 FRP 结构是指组成结构的主要受力构件全部由 FRP 材料制成；FRP 组合结构是指将 FRP 材料和传统结构材料组合起来，利用各自材料的性能优势共同受力的一种结构形式。

（1）纯 FRP 结构。

纯 FRP 结构有 FRP 拉挤型材结构、FRP 大跨度空间结构、FRP 轻质桥、FRP 桥梁封护系统和 FRP 空心桥面体系等。

① FRP 拉挤型材结构。

FRP 拉挤型材结构的各受力杆件采用 FRP 拉挤生产工艺制备而成，纤维含量高、受力性能好。FRP 拉挤杆件可以做成工形、槽形、箱形等，可以利用其建造 FRP 框架结构、FRP 桁架结构等。1999 年，瑞士采用 GFRP 拉挤型材建造了一幢 FRP 框架结构的建筑，该建筑总共 5 层，高度为 15 m，采取 3 榀 GFRP 框架受力，各杆件之间采用胶接和螺栓连接。然而，FRP 拉挤型材结构应用并不广泛，主要是因为 FRP 拉挤型材杆件之间的连接受到限制，不能焊接，只能采用粘接或拴接；另外受生产工艺限制，拉挤型材的断面尺寸和壁厚不能太大。

② FRP 大跨度空间结构。

基于 FRP 轻质高强、耐腐蚀、成形容易、保温性能好、色泽亮丽等特性，FRP 材料更适合应用于大跨度空间结构和具有腐蚀性环境厂房的大跨度空间结构中。

将 FRP 制成圆管状杆件或方管杆件，按照一定的网格形式通过节点连接形成 FRP 网架、网格结构，其可以用作体育馆、体育场、候车厅等一些大跨度建筑的屋盖。和钢网架相比，CFRP 网架质量小、强度高、施工速度快，虽价格较高（为钢网架的 2 倍多），但后期维护费用仅为钢网架的 1/5。CFRP 网架的节点处理较为复杂，日本研制出了带有铝合金接头的 CRFP 卷管用于日本三岛市游泳馆的屋盖中，我国台湾地区也生产出了网架专用的 CFRP 杆件。

将 FRP 制成空心板、波纹板、带肋板和夹心板等，可以组装成 FRP 拱、壳、折板、穹顶等空间结构，图 1.5 所示为利比亚一座采用 GFRP 材料制作的建筑穹顶，图 1.6 所示为英国一个采用 GFRP 折板建造的仓库，这些建筑物具有较好的建筑造型和应用效果。

图 1.5　利比亚制作的 GFRP 穹顶结构　　　　图 1.6　英国建造的 GFRP 折板结构

③ FRP 轻质桥。

FRP 轻质桥颜色多变、造型新颖，通常是在工厂制作好，现场吊装，施工速度快。FRP 轻质桥常采用梁板结构和桁架结构，目前在人行天桥、跨河人行桥、腐蚀环境及军事舟桥中实际应用并获得了较好的效果。图 1.7 所示为 1994 年在英国建成的 Bond Mill 桥，为一座 FRP 可开启桥，桥上可通行 40 t 的卡车，当桥下有船通过时，此桥可以一边向上翘起，船通过后再合起；图 1.8 所示为 2001 年在西班牙建成的 Lleida 桥，其是一座全部采用 GFRP 型材的 FRP 拱桥，造型新颖，具有独特的景观效果。

图 1.7　1994 年英国的 Bond Mill 桥　　　图 1.8　2001 年西班牙的 Lleida 桥

④ FRP 桥梁封护系统。

FRP 桥梁封护系统（图 1.9）是用 FRP 外壳将桥面以下暴露的结构封堵起来，可以起到减少大风作用下的风阻，使风振下的桥梁振动降低的作用；可以对混凝土结构或钢结构进行保护，减少钢筋锈蚀现象，从而降低维护费用；FRP 桥梁封护系统使桥底表面平整，另外颜色可以有多种选择，起到美观桥梁的作用。

图 1.9　FRP 桥梁封护系统

⑤ FRP 空心桥面体系。

FRP 空心板一般是由上翼板、下翼板和中间腹板组成，受力时翼板主要承受弯矩，腹板承受剪力。FRP 空心板应用较为广泛，可以作为房屋建筑的楼板、桥梁工程中的桥面板，还可以作为桥梁的封护系统。由于 FRP 弹性模量较低，在进行 FRP 空心板设计时，要充分考虑刚度变形对结构承载力的影响。

按结构受力方式不同，FRP 桥面体系分为 FRP 板式桥和 FRP 梁式桥；按构造形式不同，纯 FRP 桥面体系分为 FRP 夹芯板体系、FRP 标准型材拼装板体系、FRP 面板-型材芯组合板体系和其他全 FRP 上部结构体系四大类，具体见表 1.3。

表 1.3　全 FRP 桥面体系的分类

构造	加工装配方法	构造	加工装配方法	
FRP 夹芯板	手糊及机械辅助	FRP 面板-型材芯组合板	型材芯	拉挤成型
FRP 标准型材拼装板	榫接、销接			纤维缠绕
	螺栓连接		面板	拉挤成型
	粘接			手糊或层铺
	预应力挤压连接	其他全 FRP 上部结构	手糊箱形梁	
	以上方式同时使用		拉挤型材梁	

相比其他纤维材料，GFRP 价格低廉，对大气、水和各种腐蚀介质的化学性能比较稳定，因此，FRP 桥面体系通常采用 GFRP 材料制造。

GFRP 夹芯板结构可设计性好，可设计制造各种不同厚度、截面形状尺寸及不同强度要求的桥面板。这种结构存在生产成本较高、结构的连接和固定性能差等缺点。图 1.10 所示为 Kansas 结构复合材料公司生产的 KSCI 系统的 GFRP 夹芯桥面板，属于蜂窝夹层组合结构，制造方法是采用多向铺层的 GFRP 夹芯板接触低压成型法生产成型。

图 1.10　KSCI 系统的 GFRP 夹芯桥面板

　　FRP 标准型材拼装板有拉挤粘合结构和接触工艺一次成型结构两类。FRP 拉挤型材具有整体性好、截面形状一致、型材长度可以根据需要确定等优点，缺点是生产设备初期投资比较昂贵，且型材截面形状和尺寸受到生产设备限制较大。FRP 拉挤型材桥面板是 FRP 桥面体系中的主要形式。目前，国际上拉挤成型的 FRP 桥面体系主要有美国的 EZspan、Superdeck、DuraSpan、Strongwell 桥面体系，英国的 Asset 桥面体系等，上述几种 GFRP 桥面体系产品的构造如图 1.11 所示。

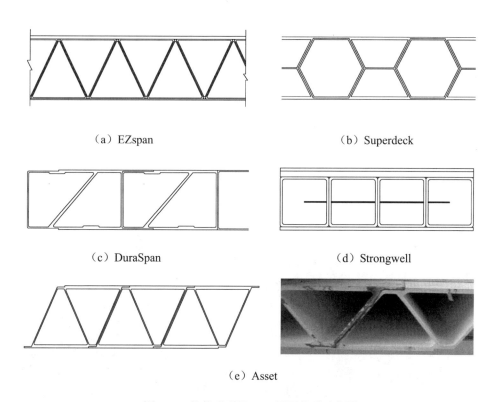

（a）EZspan　　　　　　　　　　　（b）Superdeck

（c）DuraSpan　　　　　　　　　　（d）Strongwell

（e）Asset

图 1.11　拉挤成型的 FRP 桥面体系示意图

　　表 1.4 给出了国外一些 GFRP 桥面体系产品的参数。

　　关于 FRP 空心板的性能，国内外学者进行了大量的试验研究和理论分析，并在实际工程中进行应用与分析。

表 1.4　国外一些 GFRP 桥面体系产品的参数

产品名称	生产厂家	截面形状	厚度/mm	密度 /(kg·m^{-2})	价格 /(美元·m^{-2})	挠度 /mm
EZspan	Altantic Research	三角形	229	98	861～1 067	L/950
Superdeck	Creative Pultrusions	双梯形/六边形	203	107	807	L/530
DuraSpan	Martin Marietta	梯形	194	90	700	L/450
Strongwell	Strongwell	矩形	120～203	90～112	700～807	L/605

　　1992 年，英国苏格兰的 Aberfeldy 建成了一座全 FRP 结构的斜拉人行天桥（图 1.12），全长 113 m，主跨为 63 m，宽 2.2 m，双塔双索面斜拉体系，A 形桥塔。桥塔、梁、桥面板和扶手都采用了箱形截面的 GFRP 拉挤型材，斜拉索为 AFRP 索。总造价为 20 万美元，为传统木桥、混凝土桥、钢斜拉桥或钢桁架桥费用的一半，而且至少 20 年免维修，这座桥的建成大大推动了 FRP 大跨桥梁的研究。

图 1.12　英国 Aberfeldy 的斜拉人行天桥

　　1996 年，在美国堪萨斯州的一个无名沟壑上架起了世界上第一座采用 FRP 空心桥面板的公路桥（图 1.13），该桥桥宽为 8.46 m，净跨为 6.48 m，设计荷载为 HS-20。从桥面板开始铺设到通车运行，仅用了 8 h，施工速度非常快。此后，FRP 空心桥面板在美国和欧洲国家发展迅速。

（a）施工现场　　　　　　　　　　　　（b）完成通车

图 1.13　世界上第一座 GFRP 空心板公路桥

　　我国清华大学的冯鹏等于 2004 年研发出一种新型 FRP 空心桥面板（HD 板），该空心板由内部芯管（纤维缠绕方管）为基础，芯管上、下面均放置 GFRP 拉挤板，最后再用纤维在外部缠绕增强，如图 1.14 所示。通过对 4 块 HD 板的受力性能试验研究，结果显示该桥面板 FRP 材料利用率高、整体受力性能好；具有较高的承载力和抗疲劳性能，能够满足汽-超 20 荷载作用下的变形要求。

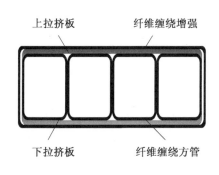

（a）HD 板构造示意图　　　　　　　　　（b）HD 板产品实物图

图 1.14　冯鹏设计的新型 FRP 空心桥面板示意图

　　2010 年建成通车的大广高速 6 号跨线桥（图 1.15），桥面为 GFRP 空心桥面板，在桥面上铺装沥青混凝土层，GFRP 空心桥面板构造及示意如图 1.15 所示。大广高速 6 号跨线桥的桥宽为 8 m，桥长为 140 m，跨度为 6 跨，跨径组合为 20+(4×25)+ 20=140 (m)，设计荷载为公路 II 级。该桥的建成使得我国的 GFRP 桥面板研究从实验室试验阶段推进到桥梁工程的实际应用中。

（a）大广高速 6 号跨线桥　　　　　　（b）GFRP 空心桥面板构造

图 1.15　大广高速 6 号跨线桥

（2）FRP-混凝土组合结构。

FRP 材料具有轻质高强、耐腐蚀等优点，但同时又具备弹模低、各向异性、价格较高等缺陷。全 FRP 桥面板刚度低，很难满足结构高性能、低成本的要求。因此，如何将 FRP 与传统结构材料（钢材、混凝土）结合起来，充分利用 FRP 材料的性能优势，在土木工程中是一个新的研究热点。目前，在土木工程的研究和应用中，FRP-混凝土组合结构主要有 FRP 管-混凝土组合结构、FRP-混凝土组合梁和 FRP-混凝土组合板等结构形式。

① FRP 管-混凝土组合结构。

FRP 管-混凝土组合结构（图 1.16）主要应用于柱、桩等受压的竖向构件中，通过在 FRP 管内浇筑混凝土，用 FRP 管约束混凝土，使混凝土一直处于三向受压状态，能提高混凝土的抗压强度、防止构件发生屈曲破坏、提高构件的稳定性。FRP 管可以兼作模板，能够提高施工速度，从而缩短工期。因 FRP 具有耐腐蚀性能，所以 FRP 管-混凝土组合结构可以应用于一些腐蚀性环境中，能有效解决传统竖向受力构件的钢筋锈蚀问题，提高构件的长期耐久性能。

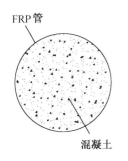
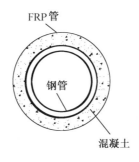
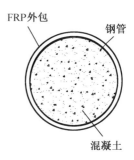

图 1.16 FRP 管-混凝土组合结构形式

② FRP-混凝土组合梁/板结构。

FRP-混凝土组合梁/板结构是基于钢-混凝土组合梁/板的设计思路提出的一种新型组合结构,将混凝土放置在构件的受压部位,FRP 材料放置在构件的受拉部位,二者之间通过合理的剪力连接组合起来协调工作,能充分利用 FRP 材料受拉和混凝土受压的力学性能,共同承受荷载。

自 20 世纪 90 年代初期以来,国外一些学者开始研究 FRP-混凝土组合结构,因 FRP 抗腐蚀性较强,一些学者以桥梁的桥面体系为研究对象,设计和制作了多种形式的 FRP-混凝土组合梁/板,对它们进行试验研究和理论分析,并在实际的工程中进行了应用,取得了有益成果。

1990 年,Bakeri 等人提出了一种曲面 FRP 空心板-混凝土组合结构形式的构想,FRP 空心板采用 GFRP 拉挤型材拼装而成,放在组合结构的受拉区,混凝土放在组合结构的受压区域。这种组合板结构形式仅仅是从工程造价的角度上提出的,没有进行结构性能方面的研究。

1995 年,美国麻省理工学院的 Deskovic,Triantafillou 等人设计了一种新型 GFRP-混凝土组合梁,该梁由 GFRP 箱梁、箱梁上部的混凝土层和箱梁底部外贴的 CFRP 板组成,其具体构造如图 1.17 所示。他们通过 3 个 GFRP-混凝土组合梁试件的静力试验,研究了该组合梁在简支情况下的抗弯性能,并对试验结果进行有限元理论分析。试验结果显示该组合梁具有较高的强度和刚度,并具有一定的延性特征;有限元分析结果表明,理论分析与试验值吻合较好。

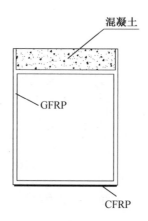

图 1.17　Deskovic 设计的 GFRP-混凝土组合梁构造示意图

　　1998 年，美国俄亥俄州公路局提出了一个联合计划项目，该项目由多所大学联合完成，项目内容为评定 Salem Avenue 桥中应用的 4 种 FRP 桥面板的性能。GFRP-混凝土组合桥面板是 4 种 FRP 桥面板中的一种，是在 GFRP 拉挤板上浇注混凝土，同时在混凝土板上部配置 GFRP 筋作为混凝土板的增强，其构造如图 1.18 所示。通过对该组合桥面板的静力性能和极端温度下的疲劳性能研究评定，结果显示在静力荷载作用下该组合桥面板的强度、刚度均能满足规范 AAHSTO HS25 的规定；在高温疲劳后该组合桥面板的变形也满足规范规定。

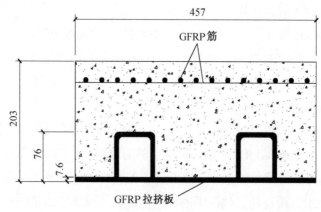

图 1.18　Salem Avenue 桥中的 GFRP-混凝土组合桥面板[1]

1　本书图片中未标明单位的数值单位均为 mm。

2002 年，美国威斯康星大学麦迪逊分校（University of Wisconsin-Madison）的 Bank 研究组对一种 FRP-混凝土组合桥面板进行了系统研究，进行了一系列的静力和动力试验测试其力学性能，以及冻融循环对粘粗砂连接界面耐久性的研究。该组合桥面板与 Salem Avenue 桥中的 GFRP-混凝土组合桥面板类似，都是底部采用带方管的 GFRP 拉挤型材承受拉力，GFRP 拉挤板和混凝土交界面采用粘砂连接，不同的是混凝土板的上部采用 GFRP 格栅作为增强，具体如图 1.19 所示。

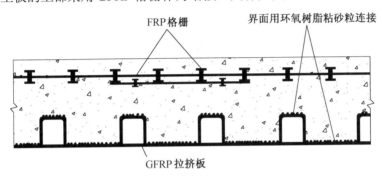

图 1.19 Bank 研究组提出的 GFRP-混凝土组合桥面板

2003 年，美国 Wisconsin 的 151 号高速公路的某一五跨连续梁桥采用了类似上图构造的 GFRP-混凝土组合桥面板体系，A. C. Berg 等人对该组合桥面板所用的材料费、人工工日及施工时间进行了研究与分析。与普通钢筋混凝土桥面板相比，该组合桥面板所用材料费增加了 60%左右，但人工工日减少了 57%左右。由于 FRP 材料耐腐蚀，减少了后期的维护费用，所以从长期效益而言，该组合桥面板是确实可行的，具有应用推广价值。

2003 年，美国纽约州立大学布法罗分校的 Kitane 等人设计了一种 FRP-混凝土组合板模型：该组合板的跨径为 18.288 m，下部由三个单孔梯形 GFRP 箱梁组成，上部设计成薄层空腔形式，在内部填充混凝土来承受压力，具体尺寸及构造如图 1.20 所示。Kitane 等人应用 ABAQUS 软件对该组合结构在简支、单跨及单行车道的情况下进行了详细分析。为了进一步研究该组合结构的受力性能，2007 年，美国学者 Wael Alnahhal 等人根据此模型制作了 1：5 的缩尺试件，进行了一系列的试验和有限元数值模拟分析，试验结果显示该组合桥面结构能满足美国规范 AASHTO 的规定，并且具有较高的强度储备和较好的抗疲劳特性，有限元分析结果与试验结果吻合较好。

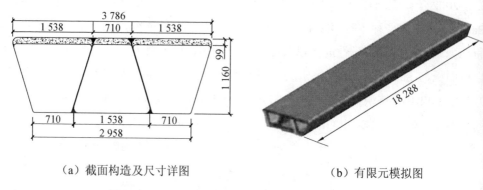

（a）截面构造及尺寸详图 （b）有限元模拟图

图 1.20 Kitane 等人设计的一种 FRP-混凝土组合板

2004 年,瑞典吕勒奥理工大学(Lulea University of Technology)的 Hakan Nordin、Bjorn Taljeten 等对设计提出的 FRP-混凝土组合梁在简支情况下进行了弯曲性能试验研究。Nordin 等共设计制作了 3 根 FRP-混凝土组合梁试件,其具体构造如图 1.21 所示。梁 A 为 GFRP 拉挤型材工字型梁,梁 B、梁 C 为 GFRP-混凝土组合梁,其中,梁 B 中 GFRP 和混凝土采用钢螺栓剪力连接件,梁 C 中 GFRP 和混凝土采用环氧树脂粘接。梁 A 在试验过程中发生了失稳破坏,梁 B 和梁 C 两种连接界面的连接效果均较好。试验结果显示 FRP-混凝土组合梁承受荷载的能力较好,FRP-混凝土组合梁的刚度大,约为纯 FRP 梁的 3 倍。

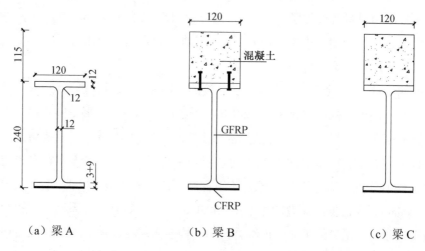

（a）梁 A （b）梁 B （c）梁 C

图 1.21 Nordin 等人设计的 GFRP-混凝土组合梁试件

2005 年，美国加州大学的 Cheng Lijuan 等人开发设计了一种 FRP-混凝土组合桥面板，这种组合板用带竖肋的 FRP 平板作为底板，在其上表面浇筑混凝土，FRP 底板（图 1.22）可以起到模板的作用。Cheng Lijuan 等人按照美国规范 AASHTO HS20 的相关要求对该组桥面板进行了静力试验研究，研究结果显示该组合板承载力较高，破坏时的极限荷载超过 700 kN，而 FRP 的应变仅为 5 000 με，远小于其极限拉应变；组合板的刚度较大，在工作荷载（98 kN）作用下的挠度仅为 6.5 mm，满足规范规定的静载作用下的挠度要求（L/800，约为 10.7 mm）。

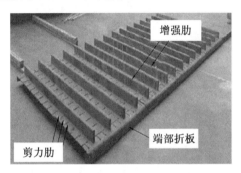

图 1.22　Cheng Lijuan 等人设计的 FRP-混凝土组合桥面板

2006 年，瑞士学者 Keller 等人设计提出了一种新型轻质 FRP-混凝土组合板，该组合板的构成分为三部分：底部为带竖肋的 FRP 板，中间夹层为轻骨料混凝土，顶部为普通的混凝土，具体如图 1.23 所示。试验结果显示，与同类型的钢筋混凝土桥面板相比，这种组合板的自重降低了约 40%，强度却能提高 104% 左右，但其最终的破坏模式为脆性破坏。

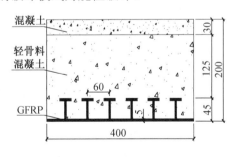

（a）构造图　　　　　　　　　　（b）照片

图 1.23　Keller 等人提出的新型轻质 FRP-混凝土组合板

2007 年，韩国建设技术研究院开发了一种 FRP-混凝土组合桥面板，如图 1.24 所示，该组合桥面板是将带有开孔板的 GFRP 拉挤型材制成箱型构件放置在下部，并且在开孔板上部放置 GFRP 筋，再浇筑混凝土。GFRP 板与混凝土界面之间采用粘砂连接或环氧树脂粘接。S. Y. Park 等人对此种组合板进行了试验研究，研究结果显示采用粘砂处理的界面连接效果较好。

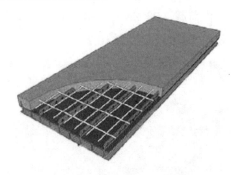

图 1.24　韩国学者提出的 FRP-混凝土组合桥面板

2007 年，我国北京工业大学的邓宗才等阐述了 FRP-混凝土组合结构的基本设计思路，对其提出的一种新型 FRP-混凝土组合桥面板（图 1.25）进行了理论分析，并提出了 FRP-混凝土组合桥面板的初步设计步骤。

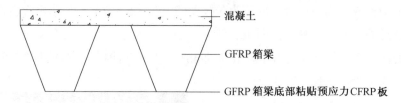

图 1.25　邓宗才等提出的 FRP-混凝土组合板

2009 年，我国同济大学代亮等人提出了一种 GFRP-混凝土组合板，该组合板的底部是带有肋板的 GFRP 波纹形折板，肋板开孔，在孔内穿入 GFRP 筋，在肋的顶部配置双向钢筋，其构造如图 1.26 所示。在此组合板中，GFRP 与混凝土的连接是通过在 GFRP 折板打磨粘砂等处理的摩擦力、混凝土贯穿肋板圆孔的咬合力及混凝土与 GFRP 筋的胶合力等方式实现的。根据肋板圆孔是否放置 GFRP 筋、GFRP 筋种类和 GFRP 折板面是否粗糙处理等参数变化，代亮等人制作了 6 块 GFRP-混凝土组合板试件，进行了抗弯承载力的试验研究和理论分析。试验结果显示 GFRP 折板采取粘砂处理能有效增大 GFRP 与混凝土板的抗滑移能力，能提高组合板的抗弯承载力。该组合板的设计、试验及理论分析，对 FRP 材料的工程应用具有一定参考价值。

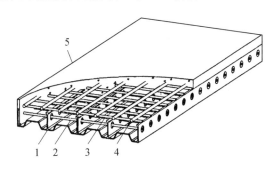

图 1.26 同济大学提出的 GFRP-混凝土组合板

1—GFRP 折板；2—贯穿孔内的 GFRP 筋；3、4—顶部双向钢筋；5—混凝土

2010 年，清华大学张铟、郭涛等人提出了一种新型 FRP-混凝土组合板，这种组合板的底板采用由三个单孔 GFRP 箱型试件胶接而成的三孔箱型截面，在其上部浇筑混凝土形成组合板，如图 1.27 所示。GFRP 底板和混凝土之间的结合采取 GFRP 底板端部伸出的 T 形肋伸入到混凝土中形成机械咬合力和粘砂粗糙连接两种混合方法。他们通过改变混凝土板厚、混凝土强度等级、是否在混凝土内配置 GFRP 筋等参数变化制作了 5 块组合板试件，进行了在简支情况下的组合板试件的静力试验研究，并用 MARC2005 软件进行了有限元数值模拟分析。试验结果显示该组合板具有较高的承载能力和变形恢复能力，组合板的最终破坏以挠度控制，具有较高的安全储备；在组合板界面出现滑移前，有限元分析与试验结果吻合较好。

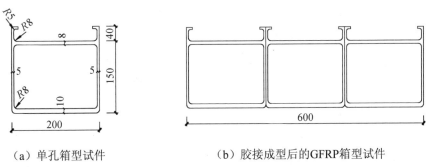

（a）单孔箱型试件　　　　　　（b）胶接成型后的GFRP箱型试件

图 1.27 张铟等人提出的三孔箱型 GFRP-混凝土组合板

2011 年，我国西安建筑科技大学杨勇等人对代亮等人提出的 FRP-混凝土组合桥面板的疲劳性能进行了试验研究，研究结果显示该组合桥面板在 300 万次疲劳荷载幅值作用下，强度和刚度均无明显退化，说明该组合板的抗疲劳性能良好，在疲劳试验过程中，组合桥面板变形满足规范规定和桥梁使用的要求。由于杨勇等人仅对其提出的 1 块组合板进行了疲劳性能试验，疲劳试验采用的试件较少，具有一定的片面性，还需进一步深入研究该组合桥面板的疲劳性能和失效机理。

FRP-混凝土组合梁/板结构在实际工程中应用并不多，现有研究和应用仅在小跨度的公路桥和人行桥中进行。我国是世界上最早将 FRP 组合结构应用到桥梁中的国家。1982 年，北京密云采用 GFRP-混凝土箱梁建成了一座跨径为 20.7 m，宽为 9 m 的公路桥（图 1.28），通过现场的荷载试验，验证了该桥具有很好的承载能力。

图 1.28   北京密云采用 GFRP-混凝土箱梁建造的桥梁

1998 年，美国俄亥俄州的 Salem Avenue 桥的钢筋混凝土桥面板内的钢筋腐蚀严重，需要更换，更换后的桥面板部分采用了 GFRP-混凝土组合桥面板，并布置了测点对该桥面板进行监测，监测结果表明该桥面板具有良好的性能。2002 年，澳大利亚 Toowoomba 用 GFRP-混凝土组合桥面板建了一座板式桥，并进行了长期监测来观察和研究其性能情况。

国内外桥梁界的理论研究和工程实践充分证明了 FRP-混凝土组合结构的可行性。基于 FRP 材料和混凝土材料的特性，FRP-混凝土组合结构在土木工程中有广阔的应用前景，然而因技术储备和风险因素限制了其应用，这就需要进一步研究，为推广其实际应用奠定基础。

1.3 本书研究的主要内容

本章介绍了 FRP 材料组成、制备工艺、材料特性和 FRP 材料在工程中的发展研究和应用情况。针对传统结构钢筋锈蚀、混凝土劣化情况，FRP 材料轻质高强、耐腐蚀、抗疲劳，是替代钢筋的一种理想材料，已经成为一个研究热点。虽然 FRP 材料在土木工程中的应用已经被广泛研究，但其还不能替代钢材，属于新型材料。为进一步推广 FRP 材料的工程应用，还需对其进行深入研究。本书研究的主要内容如下：

（1）通过介绍 FRP 构件的设计思路和设计流程，FRP 空心板的变形特征和破坏模式，指出了 FRP 空心板的截面形式对构件的刚度和承载能力具有影响，对本书提出的 GFRP-混凝土组合桥面板进行了设计分析。

（2）针对前期开展的 GFRP-混凝土组合板试验研究结果，对组合板的连接界面进行重新设计，设计了 4 种连接界面，以界面连接方式、混凝土强度等级和混凝土板厚为参数变化，制作了 27 个试件，进行了双剪推出试验，研究不同连接界面下的组合板试件的抗剪强度和破坏特征，分析影响 GFRP-混凝土组合板界面粘接强度的主要因素。基于界面设计和抗剪试验结果，采用 ABAQUS 软件对试件建立有限元模型，进行三维非线性有限元分析。

（3）根据界面连接抗剪试验结果，选取粘砂连接和环氧树脂湿粘接两种界面连接方式，将前期开展的 GFRP-混凝土组合板的连接界面进行改进，制作 10 块 GFRP-混凝土组合板试件进行静力试验，根据试验过程和试验结果分析其典型破坏形态、承载力和刚度影响因素，并与前期开展的组合板试件的试验结果进行对比分析。采用 ABAQUS 有限元软件模拟组合板试件的受力状态，并进行有限元数值模拟结果与试验结果的对比分析。

（4）根据 GFRP-混凝土组合板静载试验结果，对界面采用粘砂连接和湿粘接的 4 块组合板试件进行等幅高频疲劳试验，研究分析了在疲劳循环加载中组合板试件的刚度及承载力退化情况，GFRP 底板应变及混凝土应变变化情况。

（5）在参考规范和国内外相关研究的情况下，对 FRP-混凝土组合桥面板的理论设计进行了较为具体的研究，给出了 GFRP-混凝土组合板的刚度计算方法、抗弯和抗剪承载力计算方法及连接界面的设计方法。

第2章　FRP-混凝土组合桥面板的设计

FRP 材料具有良好的抗腐蚀性和耐久性，可以在酸、碱、氯盐和潮湿的环境中抵抗化学腐蚀，这是传统材料难以比拟的。在桥梁工程中，使用 FRP 结构或 FRP 组合结构作为上部结构，可使桥梁的极限跨度大大增加，并且可以减小地震作用的影响。但 FRP 材料造价较高且刚度较低，在现阶段要大规模地采用还有极大困难。利用 FRP 材料特性，并将其与传统结构材料（钢材或混凝土材料）结合起来形成组合构件，合理加以使用，更具有可行性。

本章将以简支桥面板为研究对象，阐述 GFRP-混凝土组合桥面板的设计荷载和设计准则，对该组合桥面板的各项参数进行分析和初步概念设计，提出组合桥面板的界面连接方法，最后给出 GFRP-混凝土组合板的最终设计方案。

2.1　设 计 要 求

2.1.1　设计荷载

根据《公路桥涵设计通用规范》（JTG D60—2015）的要求，对 FRP-混凝土组合桥面板的永久荷载和可变荷载设计进行分析。永久荷载仅考虑结构构件的自重；可变荷载仅考虑汽车荷载。汽车荷载分为公路-Ⅰ级和公路-Ⅱ级两个等级。汽车荷载由车道荷载和车辆荷载组成。桥梁结构的整体计算采用车道荷载；桥梁结构的局部加载、涵洞、桥台和挡土墙压力等的计算采用车辆荷载，车辆荷载和车道荷载的作用不得叠加。

车道荷载的计算简图如图 2.1 所示。本章按公路-Ⅰ级设计荷载进行计算。根据《公路桥涵设计通用规范》（JTG D60—2015）得到公路-Ⅰ级车道荷载的均布荷载标

准值 q_k=10.5 kN/m，集中荷载 p_k 按表 2.1 考虑。在计算剪应力效应时，车道荷载中的集中荷载标准值应乘以 1.2 的系数。

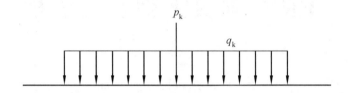

图 2.1 车道荷载的计算简图

表 2.1 集中荷载 p_k 取值

计算跨径 L_0/m	$L_0 \leqslant 5$	$5 < L_0 < 50$	$L_0 \geqslant 50$
p_k/kN	270	2（L_0+130）	360

注：计算跨径 L_0，设支座的跨径为相邻两支座中心间的水平距离；不设支座的跨径为上、下部结构相交面中心间的水平距离。

车辆荷载按最不利位置布置，如图 2.2 所示。

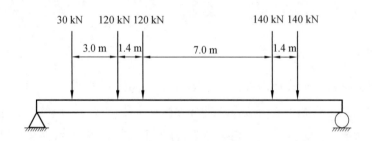

图 2.2 车辆荷载的最不利位置布置

2.1.2 设计准则

1. 正常使用极限状态

我国《公路钢筋混凝土及预应力混凝土桥涵设计规范》（JTG 3362—2018）中要求"梁式桥主梁按荷载短期效应组合技术的挠度值，在消除结构自重产生的长期挠度后，最大挠度处不应超过计算跨径的 1/600"。美国桥梁规范 AASHO LRFD 中规定"在汽车荷载标准值（含冲击力）作用下最大挠度不应超过计算跨径的 1/800"。澳大利亚桥梁规范中规定"使用状态车辆荷载下的最大挠度不应超过 1/500"。可见，与我国桥梁规范相比，美国 AASHO 规定对挠度的要求更为严格，而澳大利亚桥梁规范的要求较为宽松。

上述挠度取值是针对混凝土结构而言的，对于 FRP-混凝土组合结构则应放宽要求。考虑到 FRP-混凝土组合桥面结构的设计主要为变形控制，并且具有较高的强度安全储备，本书将参照我国规范要求，在分析中忽略铺装层对荷载的扩散作用。

《公路钢筋混凝土及预应力混凝土桥涵设计规范》（JTG 3362—2018）给出了正常使用极限状态时，作用短期效应组合设计值 S_{Sd} 为

$$S_{Sd} = S_{GK} + 0.7S'_{Q_1K} \tag{2.1}$$

式中　S_{GK}——结构自重标准值（包括结构附加自重）；

　　　S'_{Q_1K}——汽车荷载标准值（不计冲击力）。

此外，规范中还规定，当结构构件需要进行弹性阶段截面应力计算时，应采用标准值效应组合，标准效应组合的设计值 S 为

$$S = S_{GK} + S_{Q_1K} \tag{2.2}$$

式中　S_{Q_1K}——汽车荷载标准值（含汽车冲击力）。

2. 承载能力极限状态

《公路钢筋混凝土及预应力混凝土桥涵设计规范》（JTG 3362—2018）给出了承载能力极限状态时，作用基本组合的表达式为

$$\gamma_0 S_{ud} = \gamma_0 (1.2S_{GK} + 1.4S_{Q_1K}) \tag{2.3}$$

式中　γ_0——结构重要性系数，取 1.0；

　　　S_{ud}——效应组合设计值。

2.2 FRP 构件的概念设计

2.2.1 设计程序

FRP 产品设计过程的实质，就是选用材料，综合各种设计，如性能设计、结构设计、工艺设计及造型设计等的反复过程。在此过程中，必须考虑的主要因素有结构质量、研制成本、制造工艺、结构试验、质量控制和工装模具的通用性等。

FRP 产品设计之初，首先需要确定其性能和规格要求，然后确定结构的大概形状。性能要求的依据是产品实际使用条件和状态，而结构形状的考虑可以参照原材料的情形，或者充分利用复合材料成型工艺的特点，尽量做成整体式或流线型的理想状态。然后根据实际使用中的载荷条件及使用状态，再考虑复合材料的原材料及其性能，筛选出大致合适的材料。

2.2.2 设计原则

FRP 构件产品的设计原则一般包括原材料选择、强度和刚度设计、层合板设计和构件间连接 4 个方面。

1. 原材料选择

原材料选择应遵循比强度、比刚度高，与使用环境相适应，满足结构特殊性能要求，满足工艺性要求，成本低、效益高的原则。

比强度（材料的抗拉强度与其表观密度之比）、比刚度（材料的弹性模量与其密度之比）高原则的目的是使结构构件轻质高强，满足强度、刚度、耐久性和抗损伤等要求。材料与结构的使用环境相适应原则通常要求在使用环境下其主要性能下降不大于 10%。成本低、效益高的原则包括成本和效益两个方面：成本包括初期成本和维修成本；效益指由于减重而获得材料与能源节省等方面的经济效益。

2. 强度和刚度设计

满足结构的强度和刚度要求是结构设计的基本任务之一。因 FRP 材料的特性和结构特性与金属结构有很大差别，所以在考虑满足强度和刚度的原则上，FRP 结构有别于金属结构。FRP 材料结构一般采用按使用载荷设计和按设计载荷校核的方法。

按使用载荷设计时，采用使用载荷所对应的容许值为使用载荷值；按设计载荷校核时，采用设计载荷所对应的容许值为设计载荷值。

3. 层合板设计

采用各种方法制备的 FRP，从细观构造上看都是不均匀的，并且具有类似层状的细观结构。例如，手糊工艺中通过分层铺设纤维布制成板、壳等结构；拉挤工艺中通过预成型将纤维分层排列后进入模具成型。因此，FRP 可视为由多个不同层板构成的细观结构，称为层合板，如图 2.3 所示。

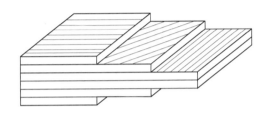

图 2.3　FRP 层合板

FRP 层合板中，每一层都是由纤维和树脂混合而成，分别具有其自身的特性，如铺设方向、纤维和树脂的种类、纤维含量等，称为单层板。FRP 层合板设计，就是根据单层性能确定层合板的铺设方向、铺设顺序、各层相对总层的厚度。目前 FRP 纤维铺设时多选择 0°、90° 和 ±45° 4 种铺设方向，按照均衡对称铺设原则，这样可避免拉-剪、拉-弯耦合而引起固化后的翘曲变形，铺设时要注意防止边缘纤维遭到破坏。

4. 构件间连接

FRP 构件连接方式中主要有机械连接、胶接连接和胶栓混合连接 3 种。

FRP 构件采用机械连接的形式主要有单搭接、双搭接和盖板搭接等。机械连接有便于质量检测、可靠性较高、易拆卸、受环境影响小、无残余应力、承载力大、抗剥离、施工方便等优点，但是由于复合材料挤压屈服强度和抗剪强度较低，导致其各向异性严重、韧性差、缺口敏感度高，而且易受铺层及环境的影响，这些都是复合材料构件机械连接的限制因素。此外，机械连接不仅会切断复合材料中的纤维，使构件的整体强度减弱，而且会造成构件之间传力不均，形成应力集中，容易造成脆性破坏。

FRP 构件采用胶接连接的基本形式有搭接、斜接和对接 3 种。胶接连接没有钻孔引起的应力集中，不需连接件，质量轻，连接效率较高。由于以上优点，胶接连接在非主要承力构件上应用较普遍，但是胶接强度分散性大，质量检测较困难，与机械连接相比，胶接抗剥离能力差，胶层易受环境影响，不能拆卸，对施工要求较严格。影响胶接承载力的主要因素有搭接长度、胶接件厚度、胶层厚度、黏结剂的性能、粘接表面处理、胶层厚度、胶层端部倒角、纤维铺层、环境条件等因素。

FRP 构件胶栓混接现有研究较少，但是从少量的试验研究结果及其与单一螺栓连接或胶接的对比来看，胶栓混接具有非常好的力学性能。

2.2.3　FRP 构件的设计流程

概念设计是 FRP 构件设计中的第一步，目的是综合考虑各种因素，提出备选方案。FRP 构件的设计流程如图 2.4 所示。

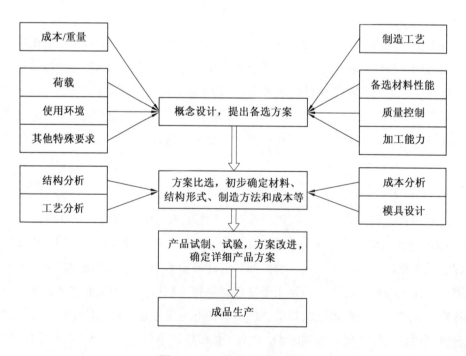

图 2.4　FRP 构件的设计流程

2.3 FRP-混凝土组合板试件的设计

为了充分发挥混凝土的抗压作用和 FRP 的抗拉作用，组合板构件的设计应遵循如下思路：

（1）选择合适的 FRP 材料和制备工艺。

（2）确定 FRP 试件的截面形式，满足组合构件受力过程中的强度和刚度要求。

（3）需要构思出 FRP 底板与混凝土的连接技术，确保 FRP 底板与混凝土结合在一起，形成组合结构，共同承力。

2.3.1 FRP 材料的选用及制备工艺

目前，FRP 材料在工程结构中的应用和研究十分活跃，已逐渐形成一个新的学科研究热点。FRP 材料的比强度（拉伸强度/比重）为钢材的 20～50 倍，高强轻质性能十分突出；CFRP 的比模量（拉伸模量/比重）为钢材的 5～10 倍，AFRP 的比模量为钢材的 2～3 倍，GFRP 的比模量与钢材相当。单从比强度和比模量来看，实际工程以 CFRP 材料应用效果最佳，但 CFRP 材料的延伸率很小且其价格较高。GFRP 虽然弹性模量较低，但工艺简单、价格低廉，而且对大气、水和各种腐蚀介质的化学性能比较稳定。几种玻璃纤维的类型及特点见表 2.2。

表 2.2 玻璃纤维的类型及特点

类 型	代号	特 点
无碱低导玻璃纤维	E	有良好的机械性能和绝缘性能，但不耐无机酸，应用最广泛
中碱玻璃纤维	C	耐化学腐蚀优于 E 玻璃，但电气性能差，机械性能低于 E 玻璃 10%～20%
高碱玻璃纤维	A	耐酸性好，耐水性差，机械性能差
耐碱玻璃纤维	AR	耐碱性很好，可掺入水泥中使用
高强玻璃纤维	S 和 R	强度高，模量高，但价格较高
高模量玻璃纤维	M	弹性模量高于 E 玻璃，但强度相当
低介电玻璃纤维	D	绝缘性能很好

目前国际上通常采用玻璃纤维增强复合材料（GFRP）制造桥面板，以取得更佳的综合性能。本书综合了各种 FRP 材料的性能、价格及适用范围，选取 GFRP 材料

为研究对象。因 FRP 的力学性能对制备工艺的依赖性很强,故在 FRP 结构的设计中必须考虑制备工艺。不同制备工艺得到的产品形式也有较大的差别。通常,GFRP 桥面板采用手糊制品、模压型材、缠绕型材及拉挤型材等制备工艺,其中三种制备工艺的特点见表 2.3。

表 2.3   FRP 制备工艺比较

成型工艺	特　点				
	尺寸灵活性	固定尺寸公差	成本	附加特殊工艺特征,如开孔能力	质量稳定性
手糊工艺	高	低	中	低	低
真空辅助模压成型	高	低	低	高	中
拉挤工艺	低	高	高	低	高

对于一些尺寸较大或形状复杂的型材,一般采用常温低压接触成型工艺,即在室温低压或者无压下用树脂将纤维和织物粘接成型的方法,以前都是人工操作完成,因此称为手糊,如图 2.5 所示。这种方法可生产形状复杂、纤维铺陈方向任意、大尺寸的 FRP 产品,但产品质量不易稳定。随着袋压法、真空法、喷射法等加压方法的应用,以及一些辅助设备的出现,使得手糊工艺的产品质量和工作效率大幅度提高。

图 2.5   手糊的 FRP 产品

模压型材是将预浸树脂的纤维或织物放入模具中进行加温、加压固化成型,可以采用长纤维,也可以采用短纤维或纤维织物。这种工艺是将手糊工艺加以改进,采用封闭的模具,先将纤维铺设在模具中,再用压力把树脂注入模具,使树脂充分浸渍纤维,再固化脱模,过程中可以用抽真空使树脂更快、更均匀地充满模腔。采用这种工艺生产出的型材尺寸准确、表面光洁、质量稳定，但是通常纤维含量较低，力学性能较差。

FRP 缠绕型材是将连续纤维束或纤维织物浸渍树脂后，按照一定的规律缠绕到芯模表面，再经过固化形成以环向纤维为主的型材，常见形式有管、罐、球等。缠绕型材自动化生产程度高，质量稳定，生产效率高；纤维含量高，力学性能好；广泛应用于压力容器和管道结构中，但其生产适应性差，只能生产回转体形的制品，对生产设备要求高。

拉挤成型工艺是将连续纤维束或者纤维编织物，经过树脂胶槽浸渍，再通过成型模具模塑成型，在模具中或加热炉中进行固化，然后在牵引机构拉力作用下，连续拉拔无限长度的 FRP 制品，整个生产过程都在连续不断地进行，如图 2.6 所示。拉挤型材中纤维主要沿轴向铺陈，且纤维含量高，有很好的受力性能，纤维强度能得到充分发挥；可直接作为受力构件，也可以与其他材料组合受力，缺点是尺寸和壁厚受生产能力限制。

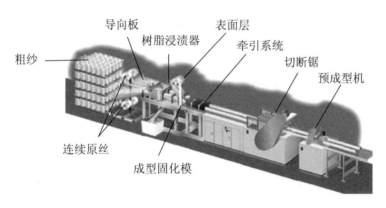

图 2.6　FRP 产品的拉挤成型工艺

2.3.2　FRP 底板截面形状的确定

选择一种合理、高效的 FRP 试件的截面形式是本书的一项主要内容。作为组合结构的受拉部分，FRP 试件通常采用空心板，目的是使 FRP 构件的强度及刚度满足承载性能要求，因此在进行截面形状确定时，首先要了解 FRP 空心板试件的受力性能，根据受力特点研究其变形特征和破坏模式。

1. FRP 空心板的变形特征及破坏模式

参考国内外学者的相关研究成果，本书总结了 FRP 空心板的变形特征和破坏模式。

（1）变形特征。

作为桥面板的 FRP 空心桥主要承受汽车轮压荷载，因 FRP 空心板在纵、横两个方向上的弯曲刚度和剪切刚度不同，通常纵向刚度大而横向刚度小，故 FRP 空心板的局部下陷变形比较明显，导致加载点局部下陷变形集中，如图 2.7（a）所示。Keller 在文献中给出了 FRP 空心板在集中荷载作用下的整体变形，如图 2.7（b）所示。由图 2.7 可知，在单点汽车轮压作用下 FRP 空心桥面板的变形模式为双向弯曲，在荷载集中的区域有较大的局部变形集中。此外，由于 FRP 的剪切模量比其弯曲模量小很多，FRP 构件的剪切变形较大，一般不能忽略。

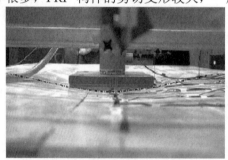

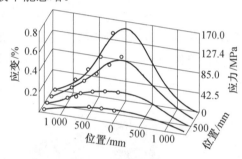

（a）局部下陷变形　　　　　　　　　　（b）整体变形

图 2.7　FRP 空心板的变形

（2）破坏模式。

相关研究显示 FRP 空心板的破坏是一个逐步发展的过程，在实验过程中随着荷载的增大能明显地观察到如出现裂纹、纤维断裂、脱胶、FRP 板分层等的破坏过程和破坏特征，但 FRP 空心板最终的破坏则体现为构件承载力的丧失。结合破坏特征和破坏机理，FRP 的破坏模式分为三类，包括材料的强度破坏、组件间的连接破坏和屈曲破坏。在 FRP 空心板的试验中，以上三种破坏模式可能在很短的时间内相继发生，且相互影响。

① 材料的强度破坏。

FRP 材料的强度破坏是因其自身的材料强度不足而导致的破坏，包括拉伸破坏、压缩破坏、面内剪切破坏、弯曲破坏和分层破坏。常见的形式有：横向强度不足引起 FRP 面板出现纵向裂纹破坏，如图 2.8（a）所示；FRP 面板的拉伸强度和剪切强度不足引起的冲切破坏，如图 2.8（b）所示；FRP 板层间强度不足引起的分层破坏，如图 2.8（c）所示。

（a）纵向裂纹　　　　　　　　　　　　（b）冲切破坏

（c）分层破坏

图 2.8　FRP 空心板的强度破坏

② 组件间的连接破坏。

在 FRP 空心板承受荷载过程中，FRP 材料达到其强度前，由于各 FRP 组件间的连接构造破坏所导致的 FRP 空心板承载力丧失，如粘接剥离、机械连接件破坏、螺栓孔的局部承压破坏等称为连接破坏。这类破坏与连接构造的强度有关，如粘接层的剪切强度、正拉强度，螺栓的抗剪强度，螺孔的局部承压强度等。在 FRP 构件中，粘接采用得较多，因此粘接破坏最为常见，如图 2.9 所示。在这类破坏中，FRP 的材料强度没有得到充分利用，通常极限承载力较低，破坏出现很突然，应在 FRP 桥面板设计中尽量避免。

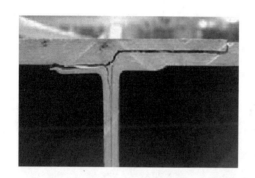

图 2.9　FRP 构件间的粘接破坏

③ 屈曲破坏。

FRP 空心板因受压而发生局部屈曲，导致承载力丧失，屈曲破坏发生时有明显的起波。由于 FRP 材料为线弹性，板件发生屈曲后承载力不会完全丧失，通常屈曲破坏的同时伴随着前两类破坏的发生，并导致 FRP 空心板承载力丧失。

2. 截面形式的确定

现有文献研究发现 FRP 空心桥面板截面多采用矩形、梯形和三角形，各种生产工艺方法均有采用。黄利勇在文献中分别采用理论计算和有限元模拟两种方法对比了如图 2.10 所示两种 GFRP 箱型构件的受力性能和经济性能，研究结果表明：结构形式为正方形的 GFRP 桥面板比三角形桥面板材料利用率高，且单位 GFRP 用量比较少，经济性能较好；正方形 GFRP 桥面板比三角形 GFRP 桥面板有效宽度大、变形小，同时桥面质量轻，可大大降低桥梁的恒载，提高有效承载力。黄利勇在文献中提出的这两种箱型截面，都没有考虑将 GFRP 和混凝土进行组合共同参与工作，不可避免地使 GFRP 过早地进入受压区，可能造成 GFRP 纤维提前发生受压破坏。

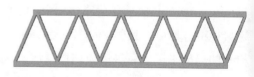

（a）正方形　　　　　　　　　　　　　　　　（b）三角形

图 2.10　黄利勇提出的两种 GFRP 空心板的箱型截面构造

总结相关学者的研究成果并假定 FRP 材料使用量一定的情况下，矩形、梯形和三角形的三种典型空心截面 FRP 构件的受力特点见表 2.4。

表 2.4　三种典型空心截面 FRP 构件的受力特点

FRP 截面	材料利用率	横向受弯性能	纵向受弯性能	抗扭性能
矩形	高	高	高	低
梯形	中	中	中	中
三角形	低	低	低	高

综合考虑经济、混凝土板厚度及 GFRP 加工工艺等因素,本书选取拉挤工艺的 GFRP 箱型构件作为研究的 GFRP-混凝土组合板的底板,采用箱型截面的目的是为了保证组合板中 GFRP 底板具有足够的刚度,以承担施工荷载和兼作永久模板。箱型是 GFRP 试件的一种合理的截面形式,箱型截面的上、下面板主要分别受轴向的压、拉作用,既能节省材料、降低造价,同时通过调整板壁厚又可获得较大的刚度。

3. GFRP 试件尺寸的确定

根据实际工程需要,并参考其他学者研究情况,确定 GFRP-混凝土组合桥面板的 GFRP 底板试件尺寸如下:

(1)根据《公路桥涵设计通用规范》中汽车-超 20 级重车宽 2.5 m,《城市桥梁设计荷载标准》中城-A 级标准车辆宽 3.0 m,考虑板长略大于车辆宽度,构件长度取为 3.6 m。

(2)现有文献中 FRP 空心桥面板的高度多按 $L/15 \sim L/12$ 估算(L 为桥面板的跨度),考虑到组合板中试件上部还需浇筑混凝土的情况,GFRP 底板试件高度确定为 150 mm。

(3)通过增大 GFRP 桥面板截面参数可以降低桥面板在荷载作用下的整体挠度,GFRP 桥面板的整体挠度随各参数的变大而下降;本书参照其他学者的试验研究结果,将单孔箱型试件的腹板厚度取为 5 mm,上翼板厚度取为 8 mm,下翼板厚度取为 10 mm。

(4)考虑常用板的模数,对单孔 GFRP 试件的宽度取为 200 mm,因而三孔箱型组合桥面板宽度取为 600 mm;单孔箱型试件的宽度为 200 mm,可以满足构件肋间净间距小于 200 mm 的要求,以避免单个轮压作用时面板下无腹板支承现象。

由于国内 FRP 构件在结构工程中的应用较少,FRP 试件的加工制作也必须由专业公司完成,因此,GFRP 拉挤型材的设计必须同生产公司进行沟通,将理论与实际相结合，使得 GFRP 拉挤型材的材料设计、结构设计与加工能力相符合。作者所在的课题组在进行新型 GFRP 底板试件的设计过程中，通过与北京玻钢院复合材料有限公司进行沟通与合作，对 GFRP 拉挤型材断面结构形式和纤维、树脂材料选择等达成了最终实施方案。最终根据实际工程需要，并参考其他学者研究情况，确定 GFRP 底板构造如图 2.11 所示。

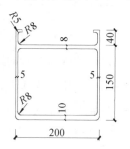 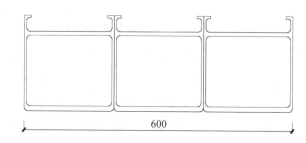

（a）单孔 GFRP 箱型试件尺寸　　　（b）粘接成型的组合板下部 GFRP 箱型构件

图 2.11　GFRP 箱型底板的构造

4. 混凝土板厚的确定

FRP-混凝土组合桥面板板将承受车轮荷载的冲击作用。如桥面板过薄会使桥面刚度较低，不利于保护桥面铺装层，因此需要对 FRP-混凝土组合板的厚度进行限制。我国《钢-混凝土组合桥梁设计与施工细则》规定，混凝土板最小厚度不宜小于 220 mm，叠合板厚度不宜小于 250 mm。此外，日本《道路桥示方书》规定，钢钢筋混凝土桥面板行车道部分的厚度不得小于 160 mm。对于本书设计的 FRP-混凝土组合板，其厚度可参照上述相关要求确定。

由于 FRP-混凝土组合板构件工程实践较少的缘故，目前尚无有效的可供设计人员参考使用的厚度确定方法。故对于混凝土层厚度的确定可基于板截面的受力分析进行相应尺寸的估算。为了充分利用材料的受力性能，在进行混凝土厚度的估算时可假定组合板的中性轴正好位于 FRP 与混凝土的交界面上，同时假定只有 FRP 底板参与截面的轴向受力。对于图 2.12 所示的 FRP-混凝土组合板截面的计算单元，可得 FRP 底板厚度与混凝土层厚度的关系表达式为

$$\frac{h_c^{\ 2}}{h_d - h_c} = \frac{2E_f h_{f2}}{E_c} \tag{2.4}$$

式中　h_c——混凝土层的厚度；

　　　h_d——组合板的厚度；

　　　E_c、E_f——混凝土和 FRP 的弹性模量；

　　　h_{f2}——FRP 底板的厚度。

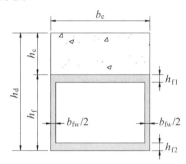

图 2.12　FRP-混凝土组合板的截面计算单元

2.4　GFRP-混凝土界面连接方法

　　FRP 构件与混凝土组合形成 FRP-混凝土组合桥面板，要充分发挥两种材料的各自性能优势，就要使两种材料形成一个整体进行工作。两种材料之间的连接作用将是关键的设计要点。另外要充分考虑 FRP 材料特有的性质，如抗压能力相对较弱，容易发生局部破坏或者应力集中现象，各向异性、刚度较小等缺点也是在设计过程中必须考虑的重要因素。目前，FRP 与混凝土界面采用的连接技术主要有胶结型、摩擦连接型、机械咬合型、剪力连接件型及综合法连接型等。

1. 胶结型

　　胶结型连接是指将环氧树脂等黏结剂涂抹于 FRP 型材表面，然后与混凝土在接触面进行粘接的连接方法，分为环氧树脂干粘接和湿粘接两种方式。干粘接法是将预先制作好的混凝土试件通过环氧树脂黏结剂与 FRP 构件粘接在一起的方法；环氧树脂湿粘接是指在未固化的环氧树脂胶结剂上浇筑混凝土，让环氧胶和混凝土相融合，一起固化成型的一种粘接方法。无论采用哪种连接方法，胶结型的连接方式均受黏结剂的力学性能和施工影响较大。胶结型连接方式构件的应力传递仅在接触面表层，当应力较大时，如果黏结剂的力学性能较差，就不能将应力有效传递到混凝土内部，故破坏往往发生在接触面处的混凝土部位。

2. 摩擦连接型

摩擦连接型是指对接触面处的 FRP 底板进行粗糙处理，以增大摩擦力的方法来增加与混凝土内水泥砂浆的自然粘接力。这种连接方式主要是依靠摩擦力和自然粘接力来传递界面的剪力，增大摩擦力的目的是扩大 FRP 材料与混凝土的接触面积，能增大咬合力，缺点同胶结型一样，不能使接触面的应力有效传递到混凝土的内部。

3. 机械咬合型

机械咬合型是将 FRP 型材的 T 形肋或 T 形肋与交叉棒材（筋材）以格栅的形式埋入混凝土中，并且通过整体拉挤或树脂粘接与 FRP 底板形成一体。这种连接方式能较好地抵抗接触表面的剪力及 FRP 底板与混凝土之间的拉拔力。

4. 剪力连接件型

剪力连接件主要有 3 方面的作用：①承担混凝土板与 FRP 板界面的纵向剪力；②阻止界面间混凝土板与 FRP 板的纵向滑移；③抵御混凝土板与 FRP 板的掀起力。通常按承受纵向剪力的能力将剪力连接件分为完全剪力连接和部分连接；按抵抗纵向滑移的能力分为柔性连接和刚性连接。

在 FRP-混凝土组合板中，FRP 型材底板是空心薄壁的，而混凝土板通常是实心的，剪力连接件如何固定在 FRP 底板上并传递混凝土与 FRP 构件之间的应力，是设计的关键问题。在现有研究中，FRP 板与混凝土连接采用的剪力连接件有 FRP 剪力键和钢栓钉剪力连接件。还有学者通过类似钢结构中开孔钢板连接件的作用机理，依靠圆孔中的混凝土抵抗 FRP 底板与混凝土之间的作用力，另外，圆孔中可以布置钢筋或 FRP 筋来提高连接性能。

5. 综合法连接型

综合法连接就是采用上述 4 种方法中 2 种以上的方法。综合法连接可以更好地传递 FRP 型材与混凝土接触面之间的应力，使得两者紧密结合、共同承力。

界面间合理的剪力传递方式是组合结构充分发挥组合作用的保证，不同学者采用的研究试件不同，所应用的连接方式也有所不同。李天虹在文献中对 FRP-混凝土组合梁板的破坏模式进行了总结，主要有以下几种：①混凝土受压区压碎而发生弯曲破坏；②混凝土剪切破坏；③FRP 上翼缘受压破坏；④FRP 下翼缘受拉破坏；⑤FRP 梁腹板剪切破坏；⑥FRP 混凝土界面连接破坏。除了混凝土受压破坏延性较好以外，后几种破坏模式都是脆性破坏，破坏发生得很突然。李天虹总结了 FRP-混凝土组合梁试验的破坏模式，FRP 与混凝土之间的界面连接破坏占的比例较大，其次是 FRP 发生剪切破坏。然而，关于 FRP-混凝土组合板界面的粘接性能研究的文献却是少之又少。在作者开展的 GFRP-混凝土组合桥面板的受力性能研究中，在参考国内外学者的相关研究基础上，对提出的 GFRP 构件和混凝土板的界面，设计了四种连接方式，通过试验研究与理论分析详细阐述了这四种连接界面的粘接性能，具体见本书第 3 章。

2.5　胶层厚度的确定

目前在 FRP-混凝土界面的研究中，关于混凝土强度、FRP 刚度、粘接长度对 FRP-混凝土界面粘接性能影响的研究较多，而考察胶层厚度变化对 FRP-混凝土界面粘接性能影响的甚少，且不同的学者得出的研究结论存在分歧。此外，在有限元分析中，很难直接用一种界面单元来模拟胶层厚度对粘接性能的影响，只能通过赋予材料属性对其进行模拟。Hiroya Tamura 等通过试验研究了不同胶层厚度对界面粘接性能的影响。结果表明，极限荷载随着胶层厚度的增加而增加；S. K. Mazumdar 等通过试验认为，胶层厚度对界面粘接性能有重要影响，极限荷载随着胶层厚度的增加而增加，胶层厚度增加到某一个值时，极限荷载不再增加反而减小；彭晖等采用 FRP-混凝土双面剪切试件作为试验对象进行了疲劳试验，认为胶层厚度对 FRP-混凝土界面的疲劳性能有显著影响，胶层厚度越大，疲劳导致的界面损伤发展越缓慢。在疲劳后的静力试验中，胶层厚度越大，极限荷载越大。综上所述，开展胶层厚度对 FRP-混凝土界面粘接性能的影响研究具有重大意义。

2.5.1　试验设计

作者通过 8 个 CFRP-混凝土界面粘接试件，考察混凝土强度等级和胶层厚度变化，进行单剪试验研究。每个试件由一块 CFRP 板和一块素混凝土棱柱体组成，用环氧树脂胶将 CFRP 与混凝土粘接。CFRP 板的宽度为 50 mm，界面粘接长度为 150 mm；混凝土强度等级采用 C25 和 C50 两种，混凝土棱柱体的尺寸为 150 mm×150 mm×300 mm；胶层采用 sikadur30 环氧树脂双组分 A、B 胶，胶层厚度采用 1 mm、2 mm、3 mm 和 4 mm；在 CFRP 板上沿粘接长度中线每隔 25 mm 布置一个

5 mm×3 mm 的电阻应变片，以考察 CFRP 板应变分布规律。

加载装置及试件详情如图 2.13 所示。

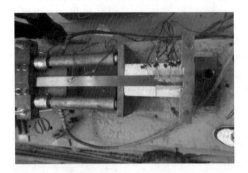 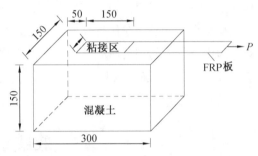

图 2.13　试件的加载装置及设计

材料性能指标见表 2.5。

表 2.5　材料的性能指标

材料类别	弹性模量/MPa	名义拉伸强度/MPa	伸长率/%
sikadur30 环氧树脂胶	2 627	31.9	15
CFRP 板	$1.65×10^5$	2 461	1.71

单剪试件参数见表 2.6。

表 2.6　单剪试件参数

试件编号	混凝土立方体抗压强度/MPa	胶层厚度/mm	粘接长度/mm
S25-150-1	31.2	1	150
S25-150-2	33.5	2	150
S25-150-3	34.6	3	150
S25-150-4	32.9	4	150
S50-150-1	56.9	1	150
S50-150-2	57.8	2	150
S50-150-3	58.2	3	150
S50-150-4	59.1	4	150

注：试件编号中 S 后的数字分别表示混凝土强度、粘接长度和胶层厚度。

2.5.2 有限元模型的建立

采用 ABAQUS 有限元软件对表 2.6 中的单剪试件建模分析。在有限元模型中，混凝土采用实体单元中的 8 节点六面体线性非协调 C3D8I 单元，CFRP 板采用 4 节点四边形线性完全积分壳单元中的 S4 单元，界面胶层采用非线性弹簧单元 spring 单元，在混凝土与 CFRP 板每一个对应的节点上用 spring 单元连接，用来模拟混凝土和 CFRP 板的界面相对滑移，建立的有限元模型如图 2.14 所示。

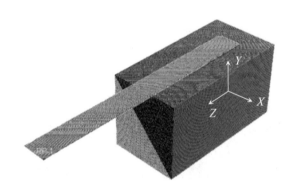

图 2.14 有限元模型

2.5.3 结果分析与讨论

1. 破坏模式分析

试验中 8 个试件的破坏形式均为界面剥离破坏，分别为混凝土剥离破坏（图 2.15（a））、胶层与混凝土剥离破坏（图 2.15（b））、复合破坏（图 2.15（c））和 CFRP 与胶层剥离破坏（图 2.15（d））。从图 2.15 中可以看出，随着胶层厚度的增加，试件的破坏形式由混凝土破坏逐渐向 CFRP 与胶层剥离破坏转变。在有限元模型中，当胶层厚度较小时，混凝土单元率先损伤失效，这种破坏形式为混凝土剥离破坏；当胶层厚度较大时，CFRP 与胶层之间出现较大的滑移而导致整个试件破坏，这种破坏形式为 CFRP 与胶层剥离，与试验结果一致。

（a）混凝土剥离破坏（S50-150-1）

（b） 胶层与混凝土剥离破坏（S50-150-2）

（c）复合破坏（S50-150-3）

（d）CFRP 与胶层剥离破坏（S50-150-4）

图 2.15　界面破坏模式

2. 极限承载力分析

试验结果和有限元计算结果见表 2.7。从表 2.7 可以看出，有限元计算结果与试验结果很相近，平均误差在 6%左右，其计算结果符合精度的要求。因此，本书提出的胶层厚度对 FRP-混凝土界面粘接性能影响的有限元模型可以用于预测剥离极限承载力。

图 2.16 给出了不同胶层厚度下的构件极限承载力的有限元结果与试验结果的对比。从图 2.16 中可以看出，胶层厚度对极限承载力有显著影响：当混凝土强度为 C25 时，随着胶层厚度的增加，极限承载力不断提高，当胶层厚度增加到 3 mm 时，极限承载力达到最大值，此后随着胶层厚度的增加，极限承载力反而减小；当混凝土强度为 C50 时，随着胶层厚度的增加，极限承载力不断提高，当胶层厚度增加到 3 mm

时，粘接界面的极限承载力增加幅度达到最大，随着胶层厚度的继续增加，粘接界面的极限承载力增大幅度减小，但还体现增大趋势。

表 2.7　极限承载力的对比

试件编号	有限元得到的极限承载力/kN	试验得到的极限承载力/kN	有限元值/试验值
S25-150-1	21.97	23.48	0.94
S25-150-2	25.01	24.89	1.01
S25-150-3	27.89	26.33	1.06
S25-150-4	26.72	25.16	0.92
S50-150-1	27.21	24.20	1.12
S50-150-2	29.32	28.21	1.04
S50-150-3	31.49	32.56	0.97
S50-150-4	32.27	33.04	1.02

从图 2.16 中的数值计算结果和试验结果也可以看出，混凝土强度从 C25 增加到 C50 时，相同的胶层厚度对应的极限承载力有显著的提高，表明提高混凝土的强度也能够提高极限承载力。

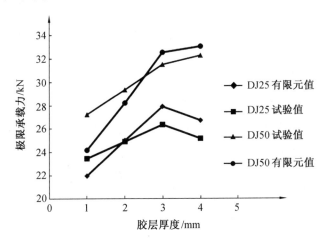

图 2.16　不同胶层厚度的极限承载力

2.6 本章小结

GFRP-混凝土组合桥面板兼备混凝土桥面板及钢桥面板的诸多优点,同时 GFRP 底板又可以作为混凝土浇筑时模板使用,容易实现快速施工、安全施工,并且容易保证质量。另外在对既有混凝土桥面板进行翻修或改建时,GFRP-混凝土组合桥面板可以缩短工期,减小对交通的影响。

本章通过介绍 FRP 构件的设计思路和设计流程,FRP 空心板的变形特征和破坏模式,指出了 FRP 空心板的截面形式对构件的刚度和承载能力具有影响,对本书提出的 GFRP-混凝土组合桥面板进行了设计分析,主要得到以下结论:

(1)选择合适的 FRP 材料和制备工艺,确定合理的截面形式,满足构件的强度和刚度要求,是保证 FRP 构件替代钢材与传统结构材料结合起来形成组合构件的前提条件。

(2)FRP 空心板的破坏模式主要为 FRP 材料强度破坏、组件间的连接破坏及屈曲破坏。在 FRP 构件承载力分析中,需要同时考虑多种破坏模式及它们之间的相互影响。

(3)FRP 空心桥面板承受局部轮压荷载时的变形模式为双向弯曲、中心下陷,在荷载集中的区域会产生较大的局部变形。因此,FRP 空心板的刚度和承载力是受力分析和设计的主要目标。选择一种合理、高效的 FRP 试件的截面形式,满足 FRP 构件的变形要求,是 FRP-混凝土组合结构设计及工程应用的控制因素。

(4)在进行 GFRP-混凝土组合桥面板的结构形式设计时,首先确定 GFRP 截面形状,考虑 GFRP 底板在使用过程中作为模板时的刚度和强度,并根据实际工程情况确定构件长度,满足主梁之间跨度不断增大的需要;其次确定混凝土的板厚,以满足整个构件的刚度要求和受力要求;最后还需要构思出 GFRP 底板与混凝土的连接技术,确保 GFRP 底板与混凝土结合在一起,形成组合结构,共同受力。

(5)胶层厚度对粘接界面的极限承载力有显著影响,粘接界面的极限承载力与胶层厚度和混凝土强度等级有关。

第3章 FRP-混凝土组合桥面板界面抗剪性能研究

3.1 概　　述

GFRP-混凝土组合板是根据钢-混凝土组合板的原理设计提出的，是将混凝土布置在受压区，将 GFRP 构件布置在受拉区，充分发挥混凝土的高抗压性能和 FRP 材料高抗拉性能，混凝土与 GFRP 界面间通过可靠的措施来传递外荷载产生的剪应力。合理的剪力传递方式是组合构件能够充分发挥组合作用的必要保证，因此，在 GFRP-混凝土组合板中，GFRP 构件与混凝土界面间合理的剪力传递方式是研究的关键。

FRP-混凝土界面是一个由 FRP 材料、黏结剂与混凝土组成的三相介质粘接系统。根据其组成材料力学特性的不同及受环境因素的影响，FRP-混凝土界面有五种可能的破坏形式（图 3.1）：①FRP 板的分层破坏；②FRP 与粘接胶层界面的脱胶破坏；③粘接胶层自身的剪切破坏；④粘接胶层与混凝土的剥离破坏；⑤混凝土层的基体破坏。在上述破坏形式中，由于胶层和 FRP 纤维之间可以很好浸润，胶层的抗拉强度又远高于混凝土，故第②种破坏形式在胶层施工可靠的情况下一般不会出现，第①③种破坏形式不允许出现，否则将视为材料和施工质量不合格。现有研究表明，工程中常见的 FRP-混凝土界面粘接破坏通常是第④种破坏。

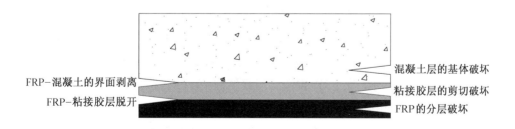

图 3.1　FRP-混凝土界面的几种破坏形式

　　FRP-混凝土界面受剪性能可以通过面内剪切试验进行研究。根据加载方式和受力面的不同，面内剪切试验方法可分为单剪试验、双剪试验、梁式试验、修正梁试验和推出试验。在 FRP 加固混凝土结构中，常采用单剪、双剪或梁式试验，如图 3.2 所示。但单剪和双剪试验方法比较简单，被广泛采用。在 FRP-混凝土组合结构中，因是 FRP 型材构件与混凝土的接触面连接，故学者多采用推出试验方法进行面内剪切试验。尽管不同学者采用的试验装置有所不同，但是试验的受力原理相似，想要达到的试验目的也是相同的。

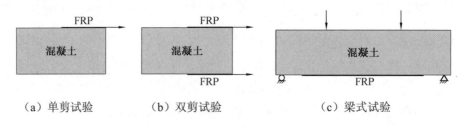

（a）单剪试验　　　　（b）双剪试验　　　　（c）梁式试验

图 3.2　面内剪切试验方法

　　在钢-混凝土组合板结构中，主要是通过增设抗剪连接件来传递钢梁与混凝土翼板之间的纵向剪力作用，同时也起到抵抗混凝土翼板与钢梁之间的掀起作用。关于钢-混凝土组合结构的界面抗剪连接件国内外学者做了大量的研究工作，并得到了有益的研究成果和实际工程的应用。然而，对于 FRP-混凝土的界面研究主要集中在 FRP 加固混凝土结构上，而关于 FRP-混凝土组合板中的连接界面开展的研究较少，不同的学者采用的研究方法不同，得到的结论也不同。

　　在 FRP 加固混凝土结构中，通常采用环氧树脂将 FRP 材料粘接在混凝土结构上。对于 FRP 加固混凝土结构的界面国内外学者研究得比较多，并取得了一定的研究成果和工程应用。因 FRP 具有轻质高强的特点，使位于受拉区域的 FRP 材料很少被拉断，常见的破坏方式往往是由 FRP-混凝土粘接界面的强度不足引起的剥离破坏。剥离破坏会造成混凝土结构提前破坏并可能引起其他严重的后果。

　　现有文献研究显示，在 FRP-混凝土组合结构中，FRP 和混凝土界面的剪力连接形式主要有：摩擦连接、抗剪剪力件连接、机械咬合连接和环氧树脂粘接连接等。摩擦连接即依靠混凝土和 FRP 构件之间的摩擦力和自然粘力来传递剪力。抗剪剪力件连接即用钢螺栓或 FRP 榫钉等作为剪力连接件传递界面剪力。机械咬合连接指利用 FRP 板上的横向凹凸肋来传递剪力。环氧树脂粘接连接即在混凝土和 FRP 之间采用环氧黏结剂进行粘接来传递剪力，分为湿法粘接和干法粘接两种。湿法粘接是指在 FRP 板上涂刷黏结剂后，在其表面浇注混凝土，让混凝土与黏结剂一起固化成型的方法；干法粘接是指当混凝土构件养护达到设计强度后，再用黏结剂直接粘接到 FRP 构件上的方法。

在 FRP-混凝土组合结构连接界面的研究中，国内外学者做了相关试验，并取得了一些成果：Nordin 等对界面采用螺栓连接和环氧树脂粘接的 FRP-混凝土组合梁进行了弯曲试验，结果显示这两种方式都能有效传递界面剪力；Keller 等对界面采用 FRP 自带 T 型肋的 FRP-混凝土组合板进行了试验研究，结果显示界面仅采取机械咬合连接的组合板抗剪能力较差；Helmueller 等对界面采用粗砂粒连接的 FRP 板条与混凝土块进行了单剪推出试验研究，结果显示界面粗糙程度不同造成粘接效果不同，砂粒覆盖率为 35%～45%效果最佳；王言磊等对界面采用 4 种连接方式的 FRP 板条与混凝土块进行了单剪试验研究，分析了多种因素对界面粘接强度的影响，给出了 FRP 剪力键的抗剪计算方法；王文炜等对界面采用湿粘接的 GFRP 板条-混凝土块进行了试验研究，结果显示这种界面连接的破坏主要发生在砂浆的表层内；李天虹等对分别采用胶结、剪力键（栓钉、粘接 FRP 小工字）连接、机械咬合等连接方式的 8 个 FRP-混凝土组合梁进行双剪推出试验，研究了不同连接方式下的界面剪力传递方式的特点。

上述学者所做的 FRP 与混凝土的界面连接分为两类，一类为 FRP-混凝土组合梁的连接界面，另一类是 FRP-混凝土组合板的界面。在 FRP-混凝土组合梁中界面连接多采用剪力连接件和胶结法。在 FRP-混凝土组合板中界面连接的研究中，基本上还是在 FRP 加固混凝土的基础上，用 FRP 板条与混凝土块局部连接，考虑有效粘接长度等因素的影响，不能全面反映 FRP-混凝土组合板中的界面连接情况。但是，对于 FRP-混凝土组合板的界面为混凝土和 FRP 型材构件整个接触面的连接，不存在有效粘接长度和宽度问题。为保证混凝土与 FRP 构件共同工作，怎样在这个接触面上布置合理有效的剪力传递方式是 FRP-混凝土组合板连接界面研究的关键因素。

参考上述学者的研究和钢-混凝土组合结构设计原理，本章以本书设计的 GFRP-混凝土组合桥面板采用的 GFRP 箱型构件和混凝土的界面为研究对象，设计了四种连接界面，通过改变混凝土强度等级等参数，制作了 27 个试件进行双剪推出试验，研究不同连接界面下各试件的抗剪强度和破坏特征，分析影响 GFRP-混凝土组合板界面粘接强度的主要因素，为推广 GFRP-混凝土组合结构的工程应用提供参考和设计依据。

3.2 试验方案

3.2.1 材料

1. GFRP 箱型构件

本书设计的单孔 GFRP 拉挤型材箱型构件的规格形状和尺寸如图 3.3 所示，由北京玻钢院复合材料有限公司定制生产。GFRP 箱型构件的上翼板与混凝土连接，两侧腹板向上突出的倒 L 形肋包裹在混凝土内，起到机械咬合的作用。

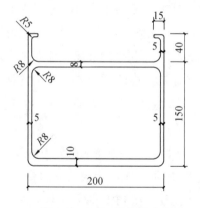

图 3.3 GFRP 试件尺寸

根据国家玻璃钢制品质量监督检验中心给出的检验报告，GFRP 拉挤型材的各项力学性能指标见表 3.1。

表 3.1 GFRP 试件的主要力学性能指标

泊松比	密度/($\times 10^3$ kg·m^{-3})	纵向压缩强度/MPa	压缩模量/GPa
0.405	2.05	370	30.6

2. 混凝土

混凝土强度等级设计采用 C25、C40 和 C55 3 种级别，配制混凝土时水泥采用42.5 级，粗骨料采用碎石，细骨料采用中粗砂。各强度等级的混凝土配合比见表 3.2。混凝土浇筑在长沙理工大学土木工程学院结构中心实验室内进行。为测定试件的混凝土抗压强度，在浇筑混凝土时，每种强度等级的混凝土留 1 组（3 块）150 mm×150 mm×150 mm 的立方体试块，混凝土试块和试件同条件养护。

表 3.2　混凝土配合比及试件的抗压强度

混凝土强度等级	材料用量/(kg·m⁻³)							抗压强度/MPa
	水泥	粉煤灰	矿粉	砂	石	减水剂	水	
C25	224	48	68	836	1 022	6.8	150	32.4
C40	315	37	105	743	1 026	10.5	154	45.4
C55	393	35	150	649	1 015	16.2	146	61.5

3. 黏结剂

黏结剂质量的好坏直接影响界面的连接性能。本书选取瑞士西卡公司生产的Sikadur31CFN 双组分环氧树脂黏结剂，使用时按 A、B 组分重量比 2∶1 搅拌配制，搅拌时间不少于 3 min，直到成为均一的灰色混合物。涂抹时每 mm 厚度用量为1.9 kg/m²。

Sikadur31CFN 环氧黏结剂是一种无溶剂，可在干燥和潮湿的混凝土基面上使用，是适用于在 10～30℃ 温度环境中施工的黏结剂。其具有热膨胀系数小、施工方便易于拌和、立面与顶面施工无流淌、固化后无收缩变形、初始和最终的力学强度均高、耐磨性能和耐化学腐蚀性能良好、防液体和水蒸气渗入等优点，其主要力学性能指标见表 3.3。

根据 Sikadur31CFN 的使用说明，当涂刷界面为玻璃或玻璃钢制品时，应先涂刷Sikafloor156 环氧底油作为底涂，然后在底涂湿状态下涂刷 Sikadur31CFN 环氧胶。Sikafloor156 是一种双组分、低黏度、无溶剂的环氧树脂涂料，能较强地吸附在结构的表面上，具有粘接力强、易施工且渗透性良好等优点。

表 3.3　Sikadur31CFN 的主要力学性能指标

温度	固化时间/d	抗压强度/MPa	抗弯强度/MPa	抗拉强度/MPa	与混凝土结合强度/MPa	延伸率/%	弹性模量/MPa
	1	25～35	11～17	2～6	4	—	—
10 ℃	3	40～50	20～30	9～15	—	—	—
	7	50～60	23～35	14～20	—	—	—
	1	45～55	20～30	6～10	—	—	—
23 ℃	3	55～65	25～35	17～23	—	—	—
	7	60～70	30～40	18～24	—	0.1～0.4	5 000
	1	50～60	20～30	9～15	—	—	—
30 ℃	3	60～70	25～35	17～23	—	—	—
	7	60～70	25～35	19～25	—	—	—

　　为验证 Sikafloor156 底涂的作用，本书利用 GFRP 试件设计了拉拔试验：即在打磨过的 GFRP 板面上刷底涂 Sikafloor156 后，涂 4 mm 厚度的 Sikadur31CFN 胶层，以及不刷底涂直接在打磨过的 GFRP 板面上涂 4 mm 厚度的 Sikadur31CFN 胶层，最后在胶层上放置专用钢制拉拔块，待胶层完全固化后，用碳纤维拉拔仪进行拉拔测试，如图 3.4 所示。

（a）刷底涂的测试块

（b）不刷底涂的测试块

（c）刷底涂测试块经拉拔测试后的结果

（d）不刷底涂测试块经拉拔测试后的结果

图 3.4　拉拔测试

（d）专用钢制拉拔　　　　（e）碳纤维拉拔仪

续图 3.4

拉拔试验结果显示，涂刷 Sikafloor156 底涂的试件破坏模式均为钢制拉拔块从 Sikadur31CFN 胶层脱落，没有涂刷 Sikafloor156 底涂的 5 个试件中有 4 个试件的破坏模式为胶层从 GFRP 板面脱落，仅有一个未脱落。这说明 Sikafloor156 底涂具有很好的渗透作用，不仅能渗透到 GFRP 板内且和 Sikadur31CFN 胶层完全融合，而没有刷底涂的试件的正拉应力远小于刷底涂的测试块。

3.2.2　试件设计与制作

1. 界面设计

连接界面是组合结构的薄弱部位，界面间合理的剪力传递方式是组合结构充分发挥组合作用的保证。在 FRP-混凝土组合结构中，FRP 与混凝土的界面连接通常采用摩擦连接、胶结和剪力键连接等。本书参考和借鉴相关文献的研究，针对所采用的 GFRP 构件，设计了四种 GFRP-混凝土的连接界面：环氧树脂湿粘接、粘砂粗糙连接、粘接 GFRP 剪力键连接和粘砂-剪力键综合法，如图 3.5 所示。在所设计的四种界面连接中，采用的胶层厚度均为 4 mm。

胶结法分为干黏法和湿黏法两种。干黏法是将混凝土预先浇筑成型，经养护达到强度后，将其用黏结剂与 FRP 粘接在一起的一种方法，其工作原理是利用液态胶渗透到混凝土表面的孔隙中，胶固化后形成粘接力和机械咬合力；湿黏法是指先在 FRP 上涂黏结剂，然后在未固化的黏结剂上浇筑混凝土，让黏结剂和混凝土相融合后一起固化成型的一种粘接方法。本界面设计采用湿黏法的目的有两个原因：一个原因是采用的 GFRP 构件突出的肋限制了使用干黏法；另外一个原因是湿黏法更方便施工，如图 3.5（a）所示。

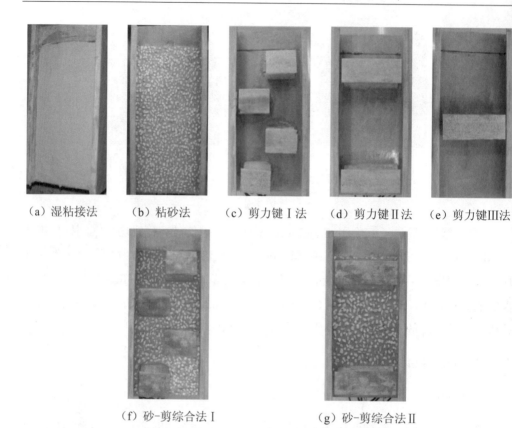

（a）湿粘接法　　（b）粘砂法　　（c）剪力键Ⅰ法　　（d）剪力键Ⅱ法　　（e）剪力键Ⅲ法

（f）砂-剪综合法Ⅰ　　　　　　　　（g）砂-剪综合法Ⅱ

图 3.5　试件的界面设计

　　粘砂粗糙连接是在界面上通过粘砂来增大接触面之间的摩擦力，依靠摩擦力和自然粘接力来传递界面的剪力。Helmuller 等对界面采用粘粗砂的 FRP-混凝土组合板试件进行了推出试验研究，研究结果显示当采用的粗砂粒径为 5～10 mm，砂粒界面覆盖率为 35%～45% 时，界面粘接效果最佳。根据 Helmuller 的研究成果，本书粘砂界面的具体做法为在胶层上均匀地撒粒径为 5～8 mm 的洁净石英砂，砂粒的面积覆盖率为 45%，用工具轻拍砂粒，使砂粒一部分嵌入胶层内，一部分露在外面，待胶固化后再浇筑混凝土，如图 3.5（b）所示。

　　剪力键连接主要是利用抗剪连接件来传递界面剪力的一种连接方式。本书采用的剪力键材料属性与 GFRP 构件相同，形状为工字型，长度和宽度符合相关规范要求，沿试件长度方向布置。具体做法为在 GFRP 板上按照设计的位置将 GFRP 剪力键粘接好，待胶固化后浇筑混凝土，剪力键的形状及尺寸如图 3.6 所示，剪力键的配置位置如图 3.7 所示。

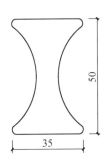

图 3.6　剪力键形状及尺寸

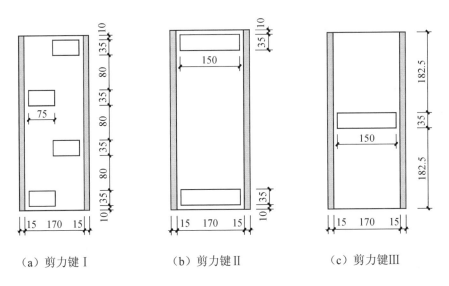

（a）剪力键 I　　　　　　（b）剪力键 II　　　　　　（c）剪力键 III

图 3.7　剪力键配置位置

砂-剪综合法是将上述粘砂连接和剪力键连接结合起来传递界面剪力的一种方法。具体做法是先将剪力键按照设计位置粘接好，然后在 GFRP 板其余位置制作粘砂界面，如图 3.5（f）和图 3.5（g）所示。

需要注意的是，GFRP 构件表面的粗糙程度对粘接效果有很大影响，这是因为 GFRP 构件属于玻璃钢，表面比较光滑。为保证粘接质量，无论采取哪种连接方式，在界面制作前，都应先用打磨机将 GFRP 板面磨毛，将表面粉尘清洗干净后再进行界面制作。涂胶前，先涂刷一道底涂（Sikafloor156），然后在底涂湿状态下涂刷 4 mm 厚度的 Sikadur31CFN 环氧胶层。

2. 试件制作

本书采用双剪推出试验来研究这几种连接界面的抗剪性能。试件的制作程序为：首先将两个 GFRP 箱型构件下翼板底部打磨、涂胶、加压、粘接牢固，然后在上翼板与混凝土接触处制作连接界面，最后支模浇筑混凝土。试件的制作图如图 3.8 所示。

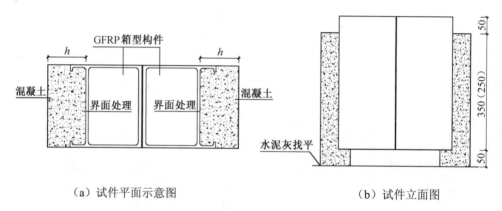

（a）试件平面示意图   （b）试件立面图

图 3.8　双剪试件制作图（图 b 括号中的数值为第二批试件的尺寸）

共制作两批试件，第一批试件是以混凝土强度等级和上述设计的四种界面为参数变化，制作了 14 个试件，第一批试件的参数详情见表 3.4。根据第一批试件的试验结果及试验中存在的问题，另考虑到 GFRP 构件突出的倒 L 型肋与混凝土的机械咬合作用对界面抗剪连接性能的影响，第二批试件以混凝土强度等级、连接界面、GFRP 构件是否带肋等为参数变化，制作了 13 个试件，第二批试件的参数详情见表 3.5。两批试件的高度不同，这是因为第一批试件中的三个试件（P-3、P-6、P-13）在试验加载过程中，达到了加载机的最大荷载幅值（500 kN）而没有破坏，为降低试验力，因此将第二批试件的 GFRP 与混凝土的界面长度减少了 100 mm，即将试件的总高度降低 100 mm。

表 3.4　第一批试件参数

界面连接 方式	试件 编号	界面宽度 /mm	界面长度 /mm	混凝土板厚 /mm	混凝土 强度等级	混凝土实测强度 /MPa
湿粘接 （带肋）	P-1	200	350	100	C25	32.4
	P-2				C40	45.4
	P-3				C55	61.5
粘砂连接 （带肋）	P-4	200	350	100	C25	32.4
	P-5				C40	45.4
	P-6				C55	61.5
剪力键 I	P-7	200	350	150	C25	32.4
	P-8				C40	45.4
	P-9				C55	61.5
剪力键 II	P-10	200	350	150	C40	45.4
剪力键 III	P-11	200	350	150	C40	45.4
综合法 I	P-12	200	350	150	C40	45.4
综合法 II	P-13	200	350	150	C40	45.4
界面打磨 （带肋）	P-14	200	350	150	C40	45.4

注：1. P-3、P-6、P-13 三个试件在加载过程中达到了加载机的限值而没有破坏，换为 1 000 kN
　　加载机加载至破坏；

　　2. 所有带剪力键的试件均带肋。

表 3.5　第二批试件参数

界面连接 方式	试件 编号	界面宽度 /mm	界面长度 /mm	混凝土板厚 /mm	混凝土 强度等级	混凝土实测强度 /MPa
湿粘接 （带肋）	S-1	200	250	100	C25	34.2
	S-2				C40	48.3
	S-3				C55	62.6
湿粘接 （无肋）	S-4	200	250	100	C25	34.2
	S-5				C40	48.3
	S-6				C55	62.6

续表3.5

界面连接 方式	试件 编号	界面宽度 /mm	界面长度 /mm	混凝土板厚 /mm	混凝土 强度等级	混凝土实测强度 /MPa
粘砂连接 （带肋）	S-7	200	250	100	C25	34.2
	S-8				C40	48.3
	S-9				C55	62.6
粘砂连接 （无肋）	S-10	200	250	100	C25	34.2
	S-11				C40	48.3
	S-12				C55	62.6
界面打磨 （无肋）	S-13	200	250	100	C40	48.3

3.2.3 加载装置与量测内容

1. 加载装置与制度

试验采用美国 MTS 公司的 500 kN 伺服液压试验机进行单点集中加载，由计算机操作控制连续加载。加载前，先将试件进行对中、找平，使加载点尽可能地位于试件顶部中心。正式加载前，先对试件进行预加载 10 kN，然后卸载至 0 kN，以检查试验装置和各采集数据仪器的可靠性。正式加载时采用分级加载，每级荷载为 5 kN，稳定荷载保持 3 min 后，采集数据和记录试验现象后再进行下级加载。试验加载装置如图 3.9 所示。

2. 测点布置及测试内容

界面连接试验主要量测各级荷载作用下的混凝土与 GFRP 界面间滑移值。本试验在试件上部和下部的混凝土与 GFRP 界面位置对称布置了 8 个百分表，用来测量界面滑移值，百分表布置如图 3.9 所示。

 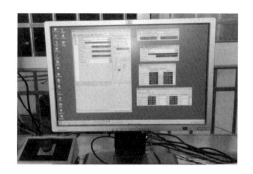

图 3.9　加载装置

3.3　试验结果分析与讨论

3.3.1　试验现象及破坏特征

两批试验的所有试件在试验中都是单侧发生混凝土与连接界面的剥离破坏,而且破坏都是突然发生的,为脆性破坏。发生单侧破坏是因为加载不能完全对中,必然会使一端受力大,受力大的端部界面一旦出现微小滑移,此处就是受力薄弱部位,必然先于另一端破坏。

1. 界面为环氧树脂湿粘接的试件

两批试验共 9 个试件采用湿粘接界面,其中第一批试件 P-1、P-2、P-3 和第二批试件 S-1、S-2、S-3 为带 GFRP 肋的试件,第二批试件 S-4、S-5、S-6 为不带 GFRP 肋的试件(GFRP 肋用切割机切掉,其余均与其他湿粘接界面处理相同)。

界面为湿粘接的试件(无论是否带肋),在试验加载过程中,试件表面没有发现任何变化,百分表的数据随荷载增加缓慢而平稳增长。当加载到极限荷载并处于稳定荷载阶段时,计算机显示试验力突然快速下降,此时试件上的一个百分表数据突然快速增长,瞬间试件一侧的 GFRP 滑落到底,发生混凝土与 GFRP 构件的粘接面剥离破坏,试验结束。带肋试件由于肋包裹在混凝土中,虽然发生了破坏,但是混凝土并没有直接从粘接面脱落，说明肋对界面的破坏有一定的约束作用，可防止混凝土板的突然掀起。而不带肋试件破坏时，一侧的混凝土突然从粘接面向外脱开，同时布置在此侧的 4 个百分表全部崩掉。

将带肋构件（S-1、S-2、S-3）的混凝土用外力剥掉，发现 GFRP 肋处有残留的混凝土碎块，这也进一步说明肋在连接界面破坏时起一定的约束作用；观察试件破坏后的粘接界面，环氧胶层均牢固地粘接在 GFRP 板上，界面粘接效果符合有关文献研究的界面破坏特点，都是发生混凝土从胶层粘接面处的脱离破坏；从胶层粘接面上可以看出，有的试件界面胶层上粘接着一层薄薄的砂浆，有的试件界面胶层上同时粘接着混凝土和砂浆。混凝土与胶层融合得好坏直接影响界面粘接效果。试验数据显示，胶层上同时粘接混凝土与砂浆，说明混凝土与胶层融合较好，界面粘接强度就大；而胶层上仅仅粘接砂浆，界面粘接强度低，说明混凝土与胶层融合效果一般，如 S-4 试件。对试件 S-4 的破坏面进行观察分析，界面胶层上粘接一层薄薄的砂浆，最厚处约为 1 mm，而混凝土面上有几个小孔洞，说明界面粘接强度还与混凝土的施工配制和施工质量有关：混凝土水灰比大，与胶层接触面的砂浆就比较多；另外在浇筑混凝土时内部空气没有完全排出，造成混凝土表面有小孔洞。

湿粘接界面试件破坏的典型特征如图 3.10 所示。

（a）GFRP 肋的约束作用（试件 P-3）　　（b）混凝土与胶层融合效果较好（试件 S-5）

图 3.10　湿粘接界面试件的破坏特征

（c）混凝土与胶层融合效果一般（试件 S-4）

续图 3.10

2. 界面为粘砂连接的试件

两批试验共 9 个试件采用粘砂连接界面，其中第一批试件 P-4、P-5、P-6 和第二批试件 S-7、S-8、S-9 为自带 GFRP 肋的试件，试件 S-10、S-11、S-12 为不带 GFRP 肋的试件（GFRP 肋用切割机切掉，其余均与其他粘砂连接界面处理相同）。

界面采用粘砂连接的试件，在加载过程中偶尔会出现几下轻微的响声，这是因为有个别砂粒被剪断而发出的声音。在整个加载过程中试件表面并没有发现任何变化，百分表的数据随荷载增加缓慢而平稳增长；接近极限荷载时，其中的一个百分表数据较前一级荷载略有增大现象；加载到极限荷载时，百分表数据增大较为明显；在极限荷载稳定阶段计算机突然显示试验力在快速下降，而这个百分表数据快速增长，试件一侧的 GFRP 构件突然滑落到底，发生混凝土与连接界面的剥离破坏，试验结束。带肋构件由于肋包裹在混凝土内，虽然发生了混凝土与连接界面的剥离破坏，但混凝土并没有直接从界面脱离，用錾子将混凝土与试件分开，GFRP 肋处有残留的混凝土碎块，进一步说明肋对混凝土有约束作用；而不带肋的构件，在 GFRP 构件滑落到底的同时，混凝土向外脱离，同时布置在此侧的 4 个百分表全部崩掉。

对破坏后的试件粘砂面和混凝土面进行观察分析，试件的破坏特征主要体现在以下三个方面：①部分砂粒被剪断为两部分，一部分留在胶层内，另一部分在混凝土内，说明有些砂粒的硬度较小，当受到的外力较大时，其抗剪强度较低易脆断；②部分砂粒从胶层上脱落留在混凝土中，说明砂粒嵌入到胶层内的深度较小且粘接效果较差；③一部分混凝土留在粘砂界面上，说明混凝土与砂粒结合较好。

GFRP 与混凝土界面采用粘砂连接的粘接力有水泥浆的化学胶合力、混凝土和砂粒间的机械咬合力和摩擦力，主要是混凝土与砂粒间的摩擦力。当构件受到外荷载作用时，界面粘接力抵抗外荷载在连接界面处的剪力，从而使混凝土与 GFRP 构件共同工作。试验结果显示，当连接界面上留有的混凝土面积较大时，粘接效果较好。粘砂连接界面试件破坏的典型特征如图 3.11 所示。

（a）带肋构件　　　　　　　　　　　　　　（b）不带肋构件

图 3.11　粘砂连接式件破坏特征

3. 界面为剪力键连接的试件

在钢-混凝土组合结构中常采用剪力连接件作为界面连接方式。现有文献研究表明，在 FRP-混凝土组合结构中，可以采用钢螺栓、钢铆钉及 FRP 剪力连接件进行抗剪界面的连接。因钢螺栓或钢铆钉与 GFRP 连接处的接触面积小，而 GFRP 箱型构件为空腔，上翼板厚度仅为 8 mm，当界面受到的剪力较大时，由于 GFRP 材料的刚度小，钢螺栓或钢铆钉易将连接处的 GFRP 型材板破坏而引起整个界面的破坏，故本书综合考虑选取 FRP 剪力键作为抗剪连接件。本书设计了 3 种剪力键布置方式，剪力键的形状、尺寸及配置位置如图 3.6 和图 3.7 所示。以剪力键布置方式和混凝土强度等级为参数变化，本书在第一批试验中制作了 5 个试件（P-7、P-8、P-9、P-10 和 P-11），进行双剪推出试验来验证剪力键连接的抗剪强度。

相比湿粘接和粘砂连接界面的试件，采用剪力键连接的试件在试验加载过程中滑移值开始出现时对应的荷载小，百分表数据随着荷载的增加呈现缓慢增长趋势，当加载到极限荷载时，试验机没有显示荷载下降，GFRP 试件就突然滑落到底，混凝土从界面脱离，同时伴随着一声很大的响声，试件破坏。

试验显示剪力键的布置方式直接影响界面的抗剪强度：采用梅花形布置方式的剪力键 I 连接试件 P-7、P-8、P-9，界面均具有较高的抗剪能力；剪力键 II 是将两个长剪力键分别布置在试件的上端和下端位置（试件 P-10），界面的抗剪强度也较高；仅仅在 GFRP 板中间位置布置剪力键的试件（P-11），界面的抗剪强度却较低，与没有布置剪力键的试件 P-14 接近。

观察破坏的试件后发现，无论采取哪种剪力键连接方式，都是剪力键从 GFRP 板上脱离而留在混凝土内，只有试件 P-11 中剪力键位置处的混凝土发生剪切破坏，其余试件中的剪力键周围混凝土并没有发生剪切破坏。试件 P-11 剪力键布置在 GFRP 板中间位置处，此位置处的剪力键基本上没有起到抗剪作用，构件发生剥离破坏时受到剪力键阻挡，而包裹剪力键的混凝土抗剪强度较低，故使此处的混凝土被剪切破坏，具体体现在剪力键上部位置处混凝土出现 45° 斜裂缝。

剪力键的粘接效果直接影响界面抗剪强度，试件制作时应保证剪力键牢固地粘接在 GFRP 板上。若剪力键粘接效果较好，则胶层从 GFRP 板面上脱离的同时将 GFRP 板面上剪力键位置处的 FRP 纤维撕裂。试件 P-9 破坏后可以看出有 3 个胶层留在剪力键上，1 个胶层留在 GFRP 板上，说明有 3 个剪力键粘接效果牢固，和同类试件 P-7、P-8 相比，试件 P-9 的平均抗剪强度降低。

图 3.12 给出了采用剪力键连接的各试件典型破坏特征。

（a）试件 P-7　　　　　　　　　　　　（b）试件 P-8

图 3.12　剪力键连接试件的破坏特征

（c）试件 P-9　　　　　　　　　　　　（d）试件 P-10

（e）试件 P-11

续图 3.12

4. 界面为砂-剪综合法连接的试件

砂-剪综合法是将粘砂连接和剪力键连接结合来传递界面剪力的一种方法。剪力键采用梅花形布置和在构件上端、下端各布置 1 个剪力键两种方式，并在中间空处进行界面粘砂处理。混凝土强度等级设计采用 C40，本书制作了 2 个砂-剪综合法连接的试件 P-12 和 P-13，进行双剪推出试验。

试件 P-12 在试验加载过程中，除了试件内部会偶尔发出几声轻微的响声，表明有砂粒被剪断之外，试件外表面没有出现明显变化。百分表数据随荷载的加大而缓慢增长，一直加载到 MTS 试验机的极限荷载时（试验机标注为 500 kN，实际为

467 kN），试件也没有破坏。将试件卸载到 0 kN，将其更换到济南力支生产的 1 000 kN 试验机上，并重新加载到 589 kN，试件突然发生剥离破坏。试件 P-12 破坏后同时具有界面剪力键和界面粘砂试件的破坏特征，剪力键周围的混凝土被剪成碎块，不再是一个整体。

试件 P-13 在试验加载过程中的试验现象与 P-12 基本相似，当加载到 410 kN 时试件发出很大的响声，试件下部剪力键位置处混凝土出现几道微小的裂缝。稳定荷载 10 min 后继续加载到 412 kN 时，试件发出一声巨大的响声，剪力键从粘接面脱离，发生界面剥离破坏。试件 P-13 的混凝土在下部剪力键位置处被剪切破坏为两段。

砂-剪综合法连接试件界面的抗剪强度比单独采用剪力键连接的试件大，试件的破坏特征同时具有粘砂连接和剪力键连接试件的特性。

砂-剪综合法连接试件 P-12 和 P-13 的破坏特征如图 3.13 所示。

（a）试件 P-12　　　　　　　　　　　　（b）试件 P-13

图 3.13　砂-剪综合法连接试件的破坏特征

5. 界面仅做打磨处理的试件

界面仅做打磨处理的试件制作过程为：用打磨机将 GFRP 板表面进行磨毛处理，再将板面用丙酮或者酒精清理干净，然后不做任何措施直接在 GFRP 板面上浇筑混凝土。注意不能在 GFRP 板面上留有粉末、油污等附着物。本书共制作了 2 个试件 P-14（带肋）和 S-13（不带肋）进行双剪试验。

在加载过程中试件 P-14 和 S-13 外观没有发生明显变化，试件 P-14 的肋对混凝土有约束作用，发生破坏时 GFRP 构件滑落到底，混凝土并没有脱离构件；试件 S-13

在 GFRP 构件滑落到底的同时，由于没有肋的约束，导致混凝土向外猛地脱离，此侧布置的百分表全部掉落到地上。这两个试件的破坏特征如图 3.14 所示。

（a）试件 P-14 　　　　　　　　　　　　　　（b）试件 S-13

图 3.14　界面仅做打磨处理的试件破坏特征

3.3.2　试验结果

两批试验共 27 个 GFRP-混凝土双剪试件的试验结果数据见表 3.6 和表 3.7。

表 3.6　第一批试件的试验结果数据

试件编号	界面连接方式	混凝土强度等级	混凝土实测强度/MPa	极限承载力/kN	平均抗剪强度/MPa	最终滑移/mm
P-1		C25	32.4	435	3.11	0.30
P-2	湿粘接	C40	45.4	260	1.86	0.21
P-3		C55	61.5	572	4.04	0.48
P-4		C25	32.4	360	2.57	0.26
P-5	粘砂连接	C40	45.4	425	3.04	0.35
P-6		C55	61.5	521	3.72	0.54
P-7		C25	32.4	340	2.43	0.44
P-8	剪力键 I	C40	45.4	430	3.07	0.55
P-9		C55	61.5	380	2.71	0.48

续表 3.6

试件编号	界面连接方式	混凝土强度等级	混凝土实测强度/MPa	极限承载力/kN	平均抗剪强度/MPa	最终滑移/mm
P-10	剪力键Ⅱ	C40	45.4	370	2.64	0.70
P-11	剪力键Ⅲ	C40	45.4	65	0.46	0.26
P-12	综合法 I	C40	45.4	589	4.21	0.99
P-13	综合法Ⅱ	C40	45.4	412	2.94	1.03
P-14	界面打磨	C40	45.4	67	0.47	0.26

注：1. 所有试件均为带肋构件；

2. P-3、P-6、P-12 三个试件在加载过程中达到了加载机的限值而没有破坏，换为 1 000 kN 的加载机加载至破坏。

表 3.7　第二批试件的试验结果数据

试件编号	界面连接方式	混凝土强度等级	混凝土实测强度/MPa	极限承载力/kN	平均抗剪强度/MPa	最终滑移/mm
S-1	湿粘接（带肋）	C25	34.2	334	3.34	0.36
S-2		C40	48.3	375	3.75	0.52
S-3		C55	62.6	405	4.05	0.56
S-4	湿粘接（无肋）	C25	34.2	189	1.89	0.28
S-5		C40	48.3	300	3.00	0.44
S-6		C55	62.6	375	3.75	0.52
S-7	粘砂连接（带肋）	C25	34.2	262	2.62	0.36
S-8		C40	48.3	325	3.25	0.54
S-9		C55	62.6	385	3.85	0.58
S-10	粘砂连接（无肋）	C25	34.2	193	1.93	0.21
S-11		C40	48.3	290	2.90	0.24
S-12		C55	62.6	355	3.55	0.28
S-13	界面打磨（无肋）	C40	48.3	45	0.45	0.22

3.3.3 界面粘接滑移曲线（$\tau-s$ 曲线）

在第一批试件试验结束后，作者所在的课题组针对第一批试验中出现的问题和试验结果分析等进行了综合考虑，又重新制作了试件进行第二批的试验。第二批试验的试件只采用粘砂连接和湿粘接界面，没有采用剪力键连接的界面，所以进行界面粘接滑移曲线（$\tau-s$ 曲线）绘制时，湿粘接界面和粘砂连接界面的 $\tau-s$ 曲线以第二批试件的试验结果进行绘制，而剪力键连接界面的 $\tau-s$ 曲线是以第一批试件的试验结果进行绘制的。

图 3.15～3.19 给出了试件在各连接界面下的粘接滑移曲线（$\tau-s$ 曲线），从图可以看出，试件的 $\tau-s$ 曲线都呈现明显的非线性特征，试验破坏时出现的滑移值很小，具有脆性破坏特征。

界面采用湿粘接和粘砂法连接的试件 $\tau-s$ 曲线由上升段和下降段两部分组成，上升段又由快速上升段和缓慢上升段两部分构成。在快速上升段，界面出现的滑移值较小，而此时界面的平均粘接应力却增长速度较快，此阶段可以认为是线性阶段，在此阶段将试件卸载后滑移值能恢复。在缓慢上升段，界面出现的滑移值增长速度加快，而界面的粘接应力增加速度却逐渐变缓，此阶段连接界面内部出现微裂缝，在此阶段卸载后构件的滑移值不能完全恢复，存在着滑移值残留现象。继续加载，微裂缝将不断扩展，滑移值增加幅度变大，直至达到界面的极限粘接应力。在下降段，当界面的粘接应力达到极限值后，连接界面内部的微裂缝发展很快且逐渐贯通，构件的滑移值也开始迅速增长，界面的粘接应力下降速度加快，当滑移值增长到一定值（最大滑移值）时，构件突然破坏。构件从达到极限荷载到破坏的过程是非常短暂的。

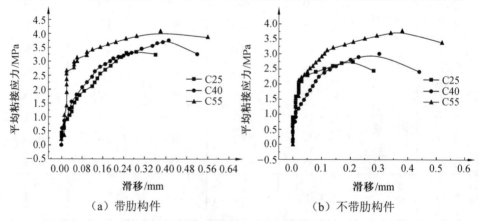

（a）带肋构件 （b）不带肋构件

图 3.15 湿粘接法连接试件 $\tau-s$ 曲线

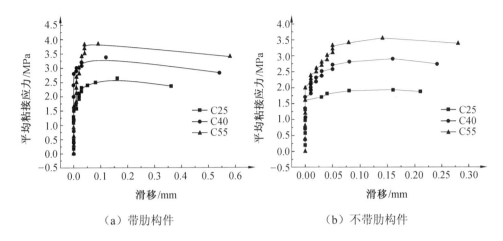

（a）带肋构件　　　　　　　　　　　（b）不带肋构件

图 3.16　粘砂法连接试件 $\tau\text{-}s$ 曲线

　　界面采用剪力键连接、砂-剪综合法连接及界面仅做打磨处理的构件，$\tau\text{-}s$ 曲线仅有上升段，而没有下降段。从 $\tau\text{-}s$ 曲线可以看出，剪力键连接的试件，在加载初期，界面的粘接应力增长较快，随后开始变缓，随着荷载的不断加大，界面滑移值增长速度由慢变快，当加载到极限荷载时，构件突然出现界面剥离破坏，此时界面的滑移值达到最大。砂-剪综合法连接的试件，$\tau\text{-}s$ 曲线与剪力键法连接的试件基本相似，但其破坏时的承载力和滑移值均比剪力键法的试件大，破坏也是突然发生的，为脆性破坏。

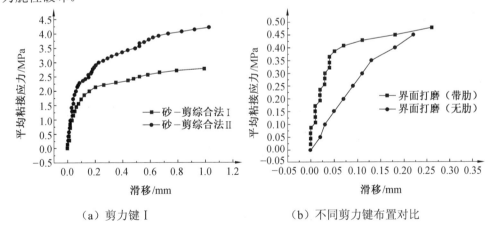

（a）剪力键 I　　　　　　　　　　　（b）不同剪力键布置对比

图 3.17　剪力键法连接试件 $\tau\text{-}s$ 曲线

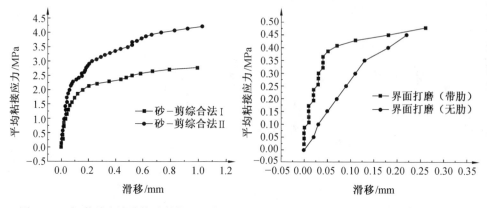

图 3.18　砂-剪综合法连接试件的 $\tau-s$ 曲线　　　图 3.19　界面仅打磨试件的 $\tau-s$ 曲线

　　界面仅做打磨处理的试件，从 $\tau-s$ 曲线可以看出，从加载到破坏的整个过程是非常短暂的，带肋构件由于肋对混凝土的约束作用，其界面粘接应力及滑移值均大于不带肋的构件。

3.3.4　试验结果分析

1. 破坏特征分析

　　两批试验的所有试件在试验过程中均突然破坏，破坏前没有明显预兆，属于脆性破坏。所有试件破坏时的最终滑移值均较小，最大为 1.03 mm（试件 P-13）。采用剪力键连接的构件界面开始出现滑移时对应的荷载较界面采用湿粘接和粘砂连接的构件小，这是因为剪力键连接构件界面抗剪应力先由 GFRP 板与混凝土间的粘接强度来承担，当构件受到的剪应力大于 GFRP 板与混凝土板界面的抗剪强度时，再由剪力键承担外荷载产生的界面剪应力。随着外荷载的不断增大，剪力键的抗剪作用也不断增加，直至达到其极限抗剪强度。采用剪力键连接和砂-剪综合法连接的构件破坏时出现的滑移值比界面采用其他连接方式构件的滑移值大，但构件破坏是突然发生的，仍属于脆性破坏的范畴。

2. 界面粘接强度分析

　　界面仅做打磨处理的试件粘接强度较低，而界面采取湿粘接、粘砂连接、剪力键连接及砂-剪综合法连接的试件粘接强度均较高，最低为 1.86 MPa（P-11 除外），而文献给出的组合梁/板中组合界面的剪应力一般小于 1 MPa，这说明本书设计的这四种连接界面均能有效提高构件的粘接能力。

3. 影响界面粘接强度的因素分析

（1）试件"肋"的影响。

假定界面打磨的粗糙程度相同，从试验结果数据可知，界面仅做打磨处理的带肋构件 P-14 和不带肋试件 S-13 的界面粘接强度分别为 0.47 MPa 和 0.45 MPa，试件 P-14 的界面粘接能力比试件 S-13 提高 4.44%左右，这是因为试件突出的倒 L 形肋包裹在混凝土内，对混凝土起到机械咬合的作用，从而增大了界面粘接能力。

（2）混凝土强度的影响。

在界面处理及连接方式相同的情况下，除表 3.6 中试件 P-2(C40)的界面粘接强度小于试件 P-1(C25)的粘接强度，试件 P-9(C55)的界面粘接强度小于试件 P-8(C40)的粘接强度外，其余试件无论界面采取何种连接方式，混凝土强度等级的提高均能提高界面的粘接能力。观察上述试件的破坏模式发现：试件 P-2 破坏时界面胶层表面粘接一层约 1 mm 厚的砂浆，混凝土表面有几个小孔洞，表明混凝土水灰比偏大且在浇筑时气泡没有完全排出，胶层渗透到混凝土深度较浅处和混凝土表面砂浆融合，从而使界面粘接能力降低；试件 P-9 破坏时，其中的一个剪力键与 GFRP 板粘接效果较差，从而造成界面粘接能力降低。

（3）剪力键布置方式的影响。

剪力键的布置方式对界面的抗剪强度有很大影响：采用剪力键Ⅰ布置的试件 P-8 和采用剪力键Ⅱ布置的试件 P-10 界面抗剪强度均较高，说明这两种方式布置的剪力键均起到了抗剪连接作用；而采用剪力键Ⅲ布置的试件 P-11 界面抗剪强度却较低（0.46 MPa），与试件 P-14 的界面抗剪强度（0.47 MPa）接近，说明采取这种方式布置时剪力键没有起到抗剪连接作用。

剪力键Ⅰ是将小剪力键（长剪力键的一半）沿构件全长以梅花形布置，这种布置方式可使剪力键和混凝土咬合在一起，共同承受界面剪力；剪力键Ⅱ是将与试件宽度基本相同的剪力键（长剪力键）布置在试件的两端，试件的两端分别为加载端和支座端，当构件受到外荷载作用时，这两端的界面剪力最大，将剪力键布置在此位置刚好起到抗剪作用；剪力键Ⅲ是将长剪力键布置在试件的中间位置，此位置界面的剪力最小，所以将剪力键布置在此处起不到抗剪作用。

（4）双重抗剪因素的影响。

砂-剪综合法是将粘砂法和剪力键法结合起来承受剪力的一种方法。当混凝土强度等级相同、剪力键布置方式一致的情况下，采用砂-剪综合法连接的试件 P-12、P-13 界面抗剪强度比采用剪力键连接的试件 P-8、P-10 的界面抗剪强度有所提高：试件 P-13 的界面抗剪强度（2.94 MPa）比试件 P-10 的抗剪强度（2.64 MPa）提高11.4%，试件 P-12 的界面抗剪强度（4.21 MPa）比试件 P-8 的抗剪强度（3.07 MPa）提高 37.1%。

3.4 有限元数值模拟分析

有限元分析是目前研究 FRP-混凝土界面受力性能最常用的分析方法。在 FRP加固混凝土结构中的界面有限元分析多是基于线弹性分析的研究，主要是希望了解FRP-混凝土界面的应力集中状况，在解决界面应力集中引起的 FRP 受弯加固 RC梁端部剥离问题中发挥了比较重要的作用。但是，由于线弹性数值分析无法反映混凝土的非线性力学性能，因而无法模拟界面的剥离破坏过程，也就难以解释界面的剥离破坏机理。所以应对 FRP-混凝土界面的力学性能进行非线性有限元分析。基于试验设计和试验结果，本书采用 ABAQUS 有限元软件对试验中的 S-5（C40 湿粘接-无肋）、S-11（C40 粘砂连接-无肋）和 P-14（C40 界面仅打磨-带肋）三个试件建立有限元模型，进行三维非线性有限元分析。

3.4.1 材料本构模型

1. 混凝土材料损伤本构模型

目前许多学者采用损伤理论来构建混凝土的本构模型，这些模型采用损伤变量进行定义，能够解决混凝土的不同非线性退化机理。本书采用 U. Neubauer 在文献中提出的混凝土损伤本构模型，该模型能够很好地描述混凝土在抗拉和抗压应力作用下的非线性应力-应变本构关系，该混凝土损伤本构模型的表达式为

$$\sigma_{ij} = (1-d^+)\overline{\sigma_{ij}}^+ + (1-d^-)\overline{\sigma_{ij}}^- \tag{3.1}$$

式中，σ_{ij} 为损伤应力张量；$\overline{\sigma_{ij}}^-$ 和 $\overline{\sigma_{ij}}^+$ 分别表示压应力张量和拉应力张量；d^- 和 d^+ 分

别表示抗压损伤张量和抗拉损伤张量，其取值在 0～1 之间，当 $d^{-(+)}=0$ 时，材料完全失效。

在混凝土损伤本构模型中，抗压损伤变量和抗拉损伤变量是相互独立的，可以分别表征单轴受压应力和受拉应力状态下材料的弹性模量。因此，混凝土抗压损伤变量和抗拉损伤变量的表达式如下所示：

$$d^- = 1 - \frac{r_0^-}{\overline{\tau}^-}(1 - A^-) - A^- \exp\left[B^-\left(1 - \frac{\overline{\tau}^-}{r_0^-} \right) \right] \tag{3.2}$$

$$d^+ = 1 - \frac{r_0^+}{\overline{\tau}^+}\exp\left[A^+\left(1 - \frac{\overline{\tau}^+}{r_0^+} \right) \right] \tag{3.3}$$

在式（3.2）和式（3.3）中，r_0^- 和 r_0^+ 分别为抗压和抗拉应力作用下混凝土的初始损伤阈值；$\overline{\tau}^-$ 和 $\overline{\tau}^+$ 分别为混凝土抗压和抗拉单轴应力；A^-、A^+ 和 B^- 是材料的损伤参数，其中，A^- 和 B^- 可根据试验确定，分别为 2.0 和 1.1，根据抗拉断裂能可求得损伤参数 A^+，表达式如下所示：

$$A^+ = \left(\frac{G_f E_0}{f_t^2} - 0.5 \right)^{-1} \tag{3.4}$$

式中，E_0 为混凝土的初始弹性模量；f_t 为单轴抗拉强度。

2. FRP 与混凝土界面本构模型

许多学者通过试验研究提出了一些界面粘接-滑移本构模型，但是不同模型的尺寸不同，考虑的因素也不同，计算出来的结果存在差异。本书采用 Ueda T 模型，该模型充分考虑了多种因素对粘接滑移关系的影响，其表达式如下：

$$\tau = 2BG_f\left(e^{-Bs} - e^{-2Bs} \right) \tag{3.5}$$

$$B = 6.846(E_f t_f)^{0.108}\left(\frac{G_a}{t_a} \right)^{0.833} \tag{3.6}$$

$$G_f = 0.446\left(\frac{G_a}{t_a} \right)^{-0.352} f_c^{0.236}(E_f t_f)^{0.023} \tag{3.7}$$

$$\tau_{max} = 0.5BG_f , \quad s_0 = \frac{0.693}{B} \tag{3.8}$$

$$\frac{G_a}{t_a} = \frac{G_p \cdot G_{ad}}{G_p t_{ad} + G_{ad} t_p} \tag{3.9}$$

$$G_p = \frac{E_p}{2(1 + v_p)} , \quad G_{ad} = \frac{E_{ad}}{2(1 + v_{ad})} \tag{3.10}$$

在式（3.5）～（3.10）中，A 和 B 分别是胶层单元面积和材料参数；τ 是剪切应力；E_p 和 E_{ad} 分别是 FRP 板和胶层的弹性模量；G_f、G_p 和 G_{ad} 分别是界面破坏能量、FRP 板的剪切模量和胶层剪切模量；$\frac{G_a}{t_a}$ 是界面的刚度系数，t_p 和 t_{ad} 分别是胶层和 FRP 板的厚度。

3.4.2 有限元模型的建立

在有限元模型中，混凝土和 GFRP 由弹性实体单元来模拟，其几何形状和材料性质在本章前面已介绍。对于混凝土和 FRP 的粘接界面，ABAQUS 提供一种粘接单元，用以模拟两个部分之间的粘接性。在粘接单元中，需要定义材料的弹性性质，初始损伤准则和损伤演化规律等。图 3.20 所示为较常见的三角形双线性粘接面的本构模型图。对于这种本构模型，需要定义弹性刚度（即斜率）、极限强度、失效单元的位移或断裂释放的能量。

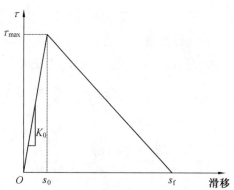

图 3.20 三角形双线性粘接面的本构模型图

在本书的有限元分析中，粘接面的本构模型直接采用实验所得，并在实验数据的基础上拟合为梯形的多段线的本构形式。另外，由于粘接单元的应用，其单元尺寸和局部单元网格需要划分得很细，此处考虑粘接单元尺寸为 1 mm。对于边界条件，由于双剪试件结构的对称性，可以简化整体结构的四分之一用于建模，建立的有限元模型如图 3.21 所示。

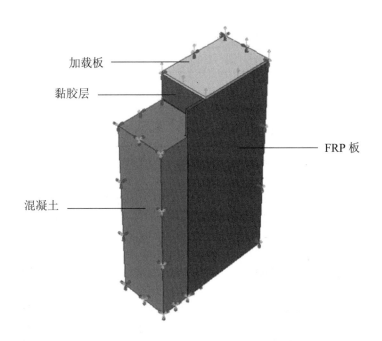

图 3.21　双剪试件的有限元模型

3.4.3　有限元数值模拟结果分析

1. 极限承载力分析

在有限元数值模拟分析中，荷载按照步长比例进行加载。从有限元模拟结果的时程看，S-5、S-11 和 P-14 试件当外荷载加到 0.141 875 子步步长粘接界面破坏。有限元模拟试件破坏时的支座反力和试验时相应试件的极限承载力相近，具体见表 3.8。

表 3.8　构件有限元模型竖向支座反力与荷载加载子步表

步长 （无量纲）	S-5		S-11		P-14	
	1/4 支座反力/kN	全截面支座反力/kN	1/4 支座反力/kN	全截面支座反力/kN	1/4 支座反力/kN	全截面支座反力/kN
0	0	0	0	0	0	0
0.01	5.8	23.2	5.6	22.4	0.88	3.52
0.02	12	48	11.5	46	1.77	7.08
0.035	21	84	20.2	80.8	3.1	12.4
0.057 5	34	136	33.3	133.2	5.1	20.4
0.091 25	55	220	53	212	8.1	32.4
0.141 875	85	340(300)	82.5	330(290)	12.61	50.44(67)

注：表中括号内的数字为试件的试验极限承载力。

　　当有限元模拟的支座反力达到极限承载力时，各试件粘接界面的剪切应力平均值也接近试验所得的平均抗剪强度。有限元模拟的各试件长粘接面在 0.141 9 荷载子步时刻的剪应力云图如图 3.22 所示。

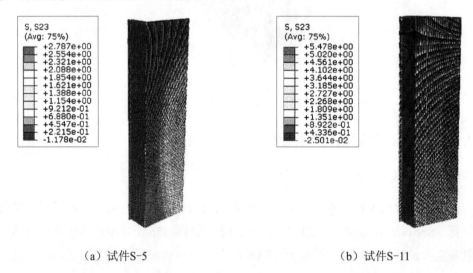

（a）试件S-5　　　　　　　　　　　（b）试件S-11

图3.22　试件长粘接面剪应力云图（0.141 9荷载子步时刻）

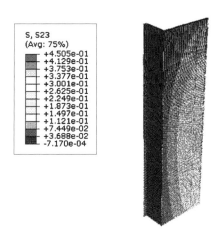

（c）试件P-14

续图3.22

2. 粘接-滑移曲线分析

有限元数值模拟得到的试件 S-5、S-11 和 P-14 长粘接面上一点的粘接-滑移曲线（τ-s 曲线）与试件试验时得到的 τ-s 曲线的对比如图 3.23 所示。从图 3.23 中可以看出，有限元数值模拟的 τ-s 曲线的变化趋势、极限剪切强度、破坏时的剪切强度和滑移值都与试验得到的 τ-s 曲线结果相吻合。通过上述的对比可见，有限元数值模拟的参数和方法合理地反映了试验的结果。

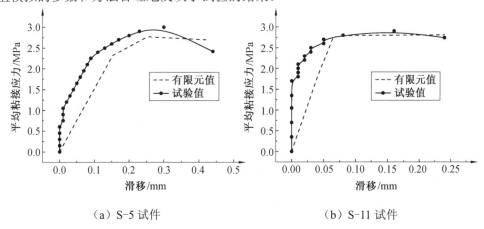

（a）S-5 试件　　　　　　　（b）S-11 试件

图 3.23　试件长粘接面的粘接-滑移曲线对比

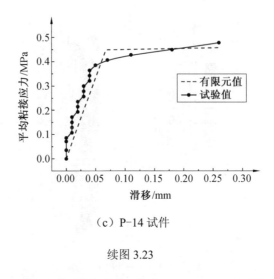

（c）P-14 试件

续图 3.23

3.5　本章小结

本章通过两批试验对设计的 4 种连接界面的 27 个 GFRP-混凝土组合板双剪试件进行了抗剪推出试验研究和分析,并采用 ABAQUS 有限元软件对试验结果进行验证,得到如下结论：

（1）本书设计的 4 种连接界面均获得了较高的粘接强度,可以进一步考虑作为 GFRP-混凝土组合板的界面构造措施。这 4 种连接界面如与机械咬合方式配合使用,效果更佳；机械咬合的连接方法虽能增加界面的粘接强度,但增加效果有限,不建议单独使用。

（2）GFRP-混凝土组合板界面粘接强度除与界面粗糙程度、粘接胶的粘接能力、剪力键的布置方式有关外,还与混凝土的强度等级有关。在界面制作可靠和混凝土施工质量有保证的前提下, 就以上因素而言,混凝土强度等级是影响粘接强度的次要因素,而不同连接界面的处理方式（粗糙程度、粘接胶的粘接能力、剪力键的布置方式）为主要因素。

（3）GFRP-混凝土界面出现的滑移很小,试件的破坏都是脆性破坏。但能否在理论计算中忽略界面滑移对结构刚度及承载力的影响,认为 GFRP 和混凝土协同工作,还需要进一步研究。

（4）虽然界面采用剪力键连接的试件抗剪强度较高，但是剪力键本身的尺寸、布置方式和剪力键的粘接质量对界面抗剪效果有很大影响，如果在关键布置位置上的一个剪力键粘接效果差，会影响整个构件的抗剪能力。为推广 GFRP-混凝土组合结构的工程应用，从方便施工和经济的角度考虑，本书建议采取湿粘接和粘砂的界面连接方式，尤其是湿粘接方式更便于施工，但粘接胶的选取和施工质量是影响湿粘接的关键因素。

（5）本书采用的粘接单元及试验拟合的本构关系基本上可以重演双推剪力试验的粘接-滑移关系，因而可以用于预测工程中 GFRP-混凝土组合结构中的界面粘接-滑移情况。

第4章 FRP-混凝土组合桥面板静力性能试验研究

4.1 概　　述

桥面板是桥梁结构中直接承受汽车轮压作用的主要构件，其受力性能及变形特征将直接影响到行车的安全性和舒适性。如何将 FRP 材料合理有效地应用到土木工程中，是本课题组长期研究的一个课题。在前期研究中，郭涛对界面采用粘砂连接的 6 块 GFRP-混凝土组合板进行了抗弯性能的试验研究，在试验加载过程中，因界面滑移较早出现后使 GFRP-混凝土组合板的变形过大，远超过我国规范规定的挠度限值，导致其不能正常工作，组合板最终的破坏用挠度进行控制。通过对郭涛的研究结果进行分析，发现导致 GFRP-混凝土组合板挠度过大的主要原因在于界面的连接上，界面出现滑移后，混凝土板和 GFRP 构件脱离，各自独立，不能合理有效地进行界面剪力的传递。故作者将 GFRP-混凝土组合板的界面重新设计，重新制作组合板试件进行静力试验。

在本书的第 3 章中设计了 4 种连接界面，并进行了 GFRP-混凝土界面的抗剪试验研究与有限元分析，研究结果显示本书设计的 4 种界面均具有很高的粘接强度。从经济和方便施工的角度考虑，本章在设计的界面中选取环氧树脂湿粘接和粘砂连接两种连接方式，以混凝土强度等级、混凝土板厚为变化参数，每种界面制作 5 块组合板试件，采取简支方式进行静力加载试验。根据试验过程和试验结果分析其典型破坏形态、承载力和刚度影响因素，并与郭涛前期开展的组合板试件的试验结果进行对比分析。再采用 ABAQUS 有限元软件模拟组合板的受力状态，将试验结果和有限元计算结果进行对比，以验证理论分析的合理性。

4.2　试 验 方 案

4.2.1　试件设计

本试验采用的 GFRP-混凝土组合板试件与郭涛在前期开展的组合板试件从材料、尺寸规格和形状等方面完全相同，只是界面连接方式不同。

在郭涛前期开展的工作中，GFRP-混凝土组合板界面采用粘砂连接，界面由 GFRP 生产厂家制作，具体过程为：首先在 GFRP 上翼板采用喷砂粗糙处理，然后在其上涂刷环氧树脂有机胶，涂胶后紧接着在胶面上满撒粒径为 2～4 mm 的石英砂，待胶硬化后再次涂环氧树脂胶，胶再次硬化后界面即制作完成。郭涛采用这种界面共制作了 6 块 GFRP-混凝土组合板试件，这些试件板在试验过程中均出现了界面滑移，界面滑移开始后组合板挠度增大明显，但是还能继续承载，随着滑移的增大界面的组合作用降低，最终使混凝土板和 GFRP 完全脱开，组合板最终因变形过大不适宜继续承载，组合板的极限荷载用挠度进行控制，选用挠度达到 $l/50$ 时的荷载为极限荷载。由此可见，这种设计处理的粘砂界面的粘接效果较差。

针对郭涛前期工作中组合板滑移过早出现问题，为与前期郭涛试验采用的组合板进行对比，本书采用的 GFRP-混凝土组合板界面也采用粘砂连接，但是从 GFRP 上翼板粗糙处理、环氧树脂黏结剂的选取、砂的粒径、砂的面积覆盖率等方面都进行了改进。另外考虑到环氧树脂湿粘接更便于施工，本试验增加了湿粘接界面连接的组合板试件。粘砂界面和环氧树脂湿粘接界面的具体制作过程在本书第 3 章中有详细介绍。

以连接界面、混凝土强度等级和混凝土板厚为变化参数，本书共设计制作了 10 个 GFRP-混凝土组合板试件，试件参数见表 4.1。

4.2.2　材料

1. 混凝土

混凝土板的强度等级设计采用 C25、C40 和 C55 三种，因混凝土在配置过程中会有许多的不确定性，所以设计时将混凝土间的级差变大，混凝土的配合比见表 4.2。混凝土配制和浇筑都是在长沙理工大学结构实验中心进行。在试件浇筑混凝土的同时，每块组合板留置 3 个 150 mm×150 mm×150 mm 的立方体试块，混凝土试块和组合板试件采取同条件养护，待 28 d 后进行试块的立方体抗压强度测试，各试件的抗压强度见表 4.1。表 4.1 中显示，同一强度等级混凝土的抗压强度并不相同，这是因为实验室里的混凝土搅拌机容量较小，每个试件都是单独称量进行配置的，称量差异及材料的离散性等原因造成同等级混凝土的强度并不相同。

表 4.1 试件参数

试件编号	界面形式	混凝土板厚/mm	混凝土强度等级	实测混凝土强度/MPa
FCCD-1		70	C40	45.9
FCCD-2		100	C40	49.3
FCCD-3	粘砂连接	150	C40	49.5
FCCD-4		100	C25	33.5
FCCD-5		100	C55	58.9
FCCD-6		70	C40	46.6
FCCD-7		100	C40	47.2
FCCD-8	湿粘接	150	C40	48.2
FCCD-9		100	C25	34.6
FCCD-10		100	C55	60.1

表 4.2 混凝土配合比

混凝土强度等级	材料用量/(kg·m⁻³)						
	水泥	粉煤灰	矿粉	砂	石	减水剂	水
C25	224	48	68	836	1 022	6.8	150
C40	315	37	105	743	1 026	10.5	154
C55	393	35	150	649	1 015	16.2	146

2. GFRP 箱型构件

GFRP 箱型构件采用拉挤型材工艺，由北京玻钢院复合材料有限公司加工定制生产。为保证 GFRP 构件的刚度满足要求，并参照其他学者的试验研究结果，单孔箱型试件的腹板厚度取为 5 mm，上翼板厚度取为 8 mm，下翼板厚度取为 10 mm。单孔箱型试件的宽度设计为 200 mm，是为了保证腹板间净距小于 200 mm，从而避免单个轮压作用时面板下无腹板支承现象。

从拉挤成型工艺要求的限制和经济成本方面考虑，并考虑组合板的模数，组合板下部 GFRP 底板试件需由 3 个单孔试件粘接而成，粘接后的总宽度为 600 mm。粘接时将粘接面打磨平整、磨毛并涂刷环氧树脂黏结剂，将三块单孔箱型试件粘接在一起，成品 GFRP 试件应保证箱体间平整、均匀、紧密粘接，如图 4.1 所示。为保证粘接质量，三孔 GFRP 箱型构件由生产厂家进行粘接。

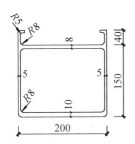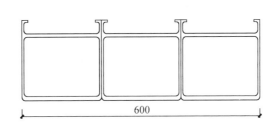

（a）单孔 GFRP 箱型试件尺寸　　　（b）粘接成型的组合板下部 GFRP 箱型构件

图 4.1　GFRP-混凝土组合板的下部 GFRP 构件组成

GFRP 箱型试件的力学性能指标见表 4.3。

表 4.3　GFRP 箱型试件的力学性能指标

试件编号 参数	单值					平均值	标准差	离散系数
	1	2	3	4	5			
纵向拉伸强度/MPa	526	841	493	639	605	561	60	11%
纵向拉伸模量/GPa	34.4	35.4	39.7	38.3	38.8	37.3	2.3	6.1%
压缩强度/MPa	354	247	365	363	521	370	98	26%
压缩模量/GPa	25.4	37.5	23.1	29.8	37.2	30.6	6.6	22%
纵横剪切强度/MPa	334	315	328	—	—	—	—	—
冲压剪切强度/MPa	200	171	172	214	168	185	21	11%
纵向弯曲强度/MPa	828	777	792	768	812	795	24	3.1%
纵向抗弯模量/GPa	28.8	28.6	32.4	29.0	31.6	30.1	1.8	5.9%
泊松比	0.443	0.365	0.393	0.398	0.425	0.405	0.030	7.5%
密度/($\times 10^3$kg·m^{-3})	2.07	2.06	2.05	2.02	2.05	2.05	—	—

GFRP 材料弹性性能好，在受力过程中一直保持线性状态，卸载后能恢复原状，几乎没有残余变形。GFRP 材料的应力-应变关系如图 4.2 所示。

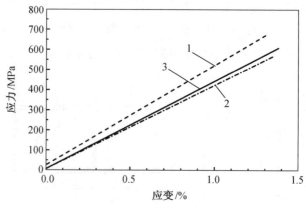

图 4.2　GFRP 材料的应力-应变关系

1、2—离散范围；3—实际采用

3. GFRP 筋

为保证组合板受力均匀，在 GFRP 箱型构件凸起的肋上和混凝土之间放置绑扎好的 GFRP 网格，其在组合板中起分布筋的作用。GFRP 筋直径为 10 mm，横向筋网格间距为 200 mm，纵向筋间距为 150 mm，如图 4.3 所示。GFRP 筋由南京奥沃科技发展有限公司生产，其力学性能指标见表 4.4。

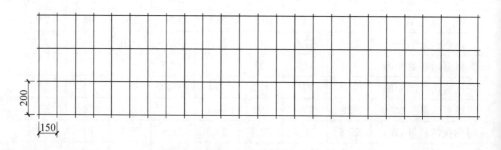

图 4.3　GFRP 筋布置

表 4.4　GFRP 筋力学性能指标

直径	横截面积/mm²	容重/(g·m⁻³)	抗拉强度/MPa	剪切强度/MPa	弹性模量/GPa	伸长率/%
10	78.5	2.05	992	126	43	2.1

4.2.3　GFRP-混凝土组合板试件制作

根据《公路桥涵设计通用规范》（JTG D60—2015）中汽车-超 20 级重车宽 2.5 m，《城市桥梁设计荷载标准》（JTG D60—2015）中城-A 级标准车辆宽 3.0 m，考察组合板长度应略大于车辆宽度，故组合板构件长度取为 3.6 m，按简支板放置加载，净跨为 3.4 m。试验中考虑混凝土板厚的改变对组合板刚度及受力性能的影响，本书混凝土板厚取 70 mm、100 mm 和 150 mm，故组合板的厚度为混凝土板厚加上 150 mm。GFRP-混凝土组合板几何尺寸及构造如图 4.4 所示。

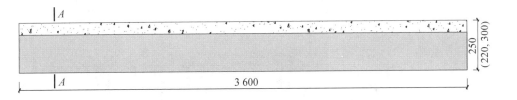

（a）GFRP-混凝土组合板几何尺寸

（b）GFRP-混凝土组合板照片

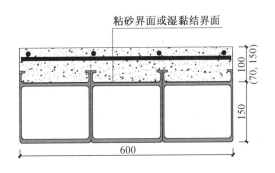

（c）A—A 截面

图 4.4　GFRP-混凝土组合板示意图

4.2.4　加载装置与制度

GFRP-混凝土组合板试件按简支方式进行静力加载。试验加载采用济南力支测试系统有限公司生产的 1 000 kN 电液式加载机，由电脑控制进行加载。为保证试件受力均匀，加载前首先将放置加载板位置的混凝土面用磨光机磨平，然后再用高标号水泥浆对支座位置和加载板位置处进行找平。因支座处反力较大，为保证组合板试件在试验过程中的支座部位在加载过程中不发生应力集中及局部破坏，本书设计了专用钢制支承，将其塞进组合板端部支座位置处 GFRP 箱梁空腔内进行局部加强，以防止因反力过大导致支座处的 FRP 箱型试件发生破坏而影响试验进程。另外，为防止单孔 GFRP 构件之间粘接效果不好而影响试验，在两个 GFRP 构件间用 U 形箍附加加强，工字钢支承与 U 形箍如图 4.5 所示。

（a）　　　　　　　　　　　　　　　　（b）

图 4.5　工字钢支承与 U 形箍

试验采用的加载方式为跨中两点对称集中加载，加载装置如图 4.6 所示。正式加载前先进行预加载 10 kN，然后卸载至 0 kN，以检查试验装置和测试仪器的可靠性。加载采用分级加载，开始时每 20 kN 为一级，保持荷载 3 min 后，采集数据和记录试验现象后再进行下级加载，试件内部有响声出现后，每 10 kN 为一级，稳定荷载时间为 5 min，直至试件破坏。

（a）加载装置照片

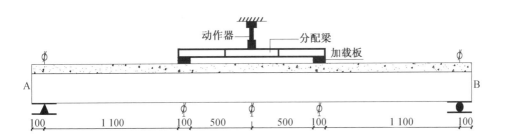

（b）加载装置示意图

图 4.6　试件加载装载

4.2.5　量测内容及测点布置

试验中测试的内容包括：①荷载值；②试件加载点挠度和跨中挠度；③支座的位移；④加载点处混凝土顶部应变、跨中位置混凝土板顶应变；⑤GFRP 底板跨中应变和加载点处应变；⑥试件跨中位置侧面 GFRP 和混凝土应变。

在试验加载过程中，荷载值由计算机控制加载；通过在构件上布置百分表对各测试点的挠度和支座的位移进行量测，百分表测点 D1～D6 布置如图 4.7 所示；在 GFRP 底板、混凝土顶板及构件跨中侧面布置电阻应变片，用 TDS-530 静态数据采集仪采集应变，以量测构件在各受力阶段的应变发展情况，应变片布置如图 4.8 所示。

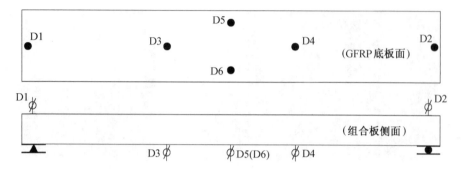

图 4.7　挠度测点布置图

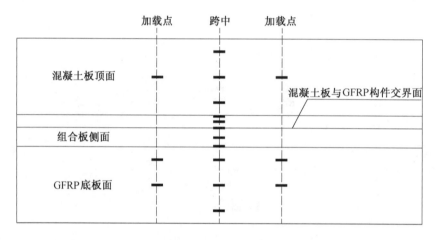

图 4.8　应变片布置图

4.3　试验结果与分析

4.3.1　试验过程及破坏形态

无论界面采取哪种连接方式，10 块 GFRP-混凝土组合板试件在加载过程中，GFRP 构件与混凝土一直协同工作，随着荷载的增加试件的挠度逐渐增大，试件在加载过程中没有出现混凝土与 GFRP 构件的滑移现象。所有试件的破坏都是突然发生的，都是发生在试件一侧加载板位置的混凝土板附近，而另一侧没有发生破坏。试件破坏的同时伴随一声巨大的响声及较长时间的连续噼啪响声。

1. 试件 FCCD-1

试件 FCCD-1：粘砂连接、C40，混凝土板厚为 70 mm。当加载到 107 kN 时，出现第一声响声，此时对整个试件进行观察，没有发现其他变化。此后在加载过程中出现断断续续的响声。当加载到 330 kN 时，A 端支座处混凝土板顶出现一条约 80 cm 长的纵向裂缝。当加载到 428 kN 时，这条纵向裂缝扩展至 A 端加载板处。加载到 477 kN 时，A 端混凝土板顶出现第二条沿支座至加载板方向的纵向裂缝，而此时对应的 B 端混凝土板顶没有裂缝出现。当加载到 563 kN 时，各试验数据均已经采集完毕。准备下一级加载时，试件突然发出很大的一声响声，B 端加载板外侧附近的混凝土压碎，此时，计算机显示试验力快速下降，一直降到 40 kN 为止。因混凝土已经压碎，试验结束，将荷载卸载至 0 kN 并等待 60 min 后，测组合板试件的残余变形，结果显示试件的残余变形很小，仅为 0.35 mm。

破坏特点：试件 A 端出现的第一条纵向裂缝扩展延伸至 B 端支座处，A 端出现的第二条裂缝扩展至 B 端加载板处。A 端（从跨中顶至 A 端支座）混凝土板顶出现两条纵向裂缝且这两条裂缝均为表面裂缝，并没有贯通整个混凝土板。B 端加载板外侧的混凝土压碎破坏，此位置混凝土内部放置的 GFRP 筋压断，与混凝土连接的 GFRP 构件两侧腹板与上翼板脱离向外屈曲破坏。B 端加载板至 B 支座的混凝土板没有破坏。试件 FCCD-1 的破坏形态如图 4.9 所示。

（a）A 端支座混凝土板表面裂缝分布　　　　　（b）B 端支座混凝土板表面裂缝分布

图 4.9　试件 FCCD-1 的破坏形态

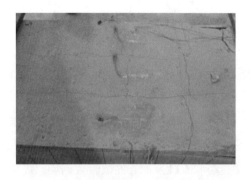 

（c）加载板间混凝土板表面裂缝分布　　　　（d）B 端加载板位置混凝土板压碎

（e）混凝土压碎处的 FRP 筋破坏　　　　（f）混凝土压碎处两侧 GFRP 腹板破坏

续图 4.9

2. 试件 FCCD-2

试件 FCCD-2：粘砂连接、C40，混凝土板厚为 100 mm。当加载到 178 kN 时，试件内部出现第一声响声，此后在加载过程中会偶尔出现个别响声或断断续续的响声，但试件表面没有出现其他变化。当加载到 441 kN 时，在 A 端支座 GFRP 中间腹板 T 形肋处混凝土出现两条从 GFRP 肋顶至混凝土板顶的竖向裂缝。当加载到 685 kN 时，试件出现持续较长的连续噼啪响声。当加载到 691 kN 时，A 端加载板位置两侧面混凝土各出现一道微小的斜裂缝，接着很快试件就发出了巨大的一声响声，斜裂缝变宽，A 端支座混凝土与界面出现约 10.5 mm 的滑移，此时试验力快速下降至 482 kN，再继续加载，试验力已经加不上去，试验结束。试验结束后将试验力逐级卸载至 0 kN，测得该试件的残余变形为 0.28 mm。

破坏特点：试件 A 端出现滑移的同时，A 端至跨中混凝土板顶出现多条横向裂缝、混凝土板侧面出现几条竖向裂缝，有的横向裂缝和混凝土板侧面的竖向裂缝贯穿，加载板位置附近的横向裂缝较宽；混凝土从界面剥离时，由于 GFRP 肋对混凝土的约束作用，使 A 端混凝土沿 GFRP 肋处均出现斜裂缝。而试件跨中至 B 端并没有出现混凝土与界面的滑移现象，也没有裂缝出现。试件 FCCD-2 的破坏形态如图4.10 所示。

（a）A 端支座滑移破坏

（b）A 端支座至加载板间混凝土板表面裂缝分布情况

（c）A 端加载板下混凝土板侧面裂缝

图 4.10　试件 FCCD-2 的破坏形态

3. 试件 FCCD-3

试件 FCCD-3：粘砂连接、C40，混凝土板厚为 150 mm。当加载到 499 kN 时，试件内部出现开始出现第一声响声，随后在加载到 547 kN、680 kN 时出现轻微响声。当加载到 720 kN 时，A 端加载板位置混凝土板侧面各出现一道微小斜裂缝，裂缝很快扩展变宽，突然出现一声巨大的响声，A 端支座混凝土板出现滑移，同时试验力快速下降至 512 kN。滑移时试件发出连续的噼啪响声，响声持续时间约 2 min，测得的滑移值约为 28 mm。试验结束后对试件进行卸载，测得试件的残余变形为 0.23 mm。

破坏特点：A 端加载板处混凝土与粘接界面完全脱开，界面上有散落的小混凝土碎块；加载板附近侧面混凝土板出现多条从界面至混凝土板顶方向的斜裂缝，这些裂缝均没有达到板顶；A 端支座 GFRP 肋处混凝土出现 3 条裂缝，整个混凝土板顶均没有裂缝出现，说明试件破坏后混凝土板的整体性较好。混凝土滑移时，加载板处包裹在混凝土里的 GFRP 两边肋受到较大的混凝土滑移的反力作用，再加以 GFRP 与混凝土变形的不协调，造成 GFRP 两边外侧腹板与翼板脱离向外屈曲破坏。另外，吊装时发现两块加载板间 GFRP 底板发生脱胶破坏，这是由于受到较大外力作用时，三个 GFRP 单孔箱型构件的变形不协调造成的。试件 FCCD-3 的破坏形态如图 4.11 所示。

（a）A 端支座滑移破坏

图 4.11　试件 FCCD-3 的破坏形态

（b）A 端加载板处混凝土板侧面裂缝分布和 GFRP 破坏情况

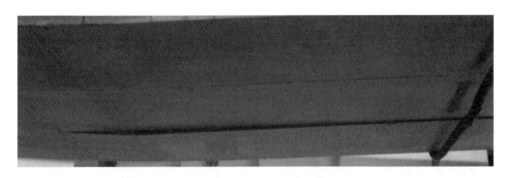

（c）加载板间 GFRP 底板脱胶破坏

续图 4.11

4. 试件 FCCD-4

试件 FCCD-4：粘砂连接、C25，混凝土板厚为 100 mm。由于生产厂家粘接时造成此试件板底不平（三个 GFRP 箱型底板不在一个平面上，以至 GFRP 上翼板也不在一个平面上）。试件在加载开始至 516 kN 的过程中基本上没有出现异常现象，当加载到 516 kN 时，试件突然发出一声较大的响声，观察试件没有出现异常现象，接着继续加载。随后在 562 kN、631 kN 时也出现过较大的响声，当加载到 652 kN 时，试件出现较长的连续噼啪响声，观察试件外观没有明显变化，测试的各项数据也没有出现突变现象，在此阶段稳定荷载时间较长。当继续加载到 670 kN 时，试件发出一声巨大的响声，B 端加载板下面的混凝土压碎，同时 B 端支座处混凝土发生滑移，该试件破坏时伴随着较长时间的连续噼啪响声，测得滑移值约为 28 mm，试验结束。

破坏特点：B 端加载板下混凝土沿加载板长度方向断裂并压碎，同时 B 端支座处混凝土发生滑移。除 B 端加载板位置附近混凝土板表面有裂缝分布外，其余混凝土板面整体性较好，基本上没有明显裂缝。混凝土滑移、断裂的同时对 B 端加载板位置处两外侧 GFRP 腹板产生巨大的破坏力，导致此处的两外侧 GFRP 腹板发生屈曲破坏。从 B 端加载板到 B 支座处的两外侧 GFRP 腹板都完全与相应连接的 GFRP 上翼板脱开，其中一侧的 GFRP 腹板破坏非常严重，整个与连接的 GFRP 上下翼板撕裂并脱离。从 B 端支座端面可以看出，破坏后的三个 GFRP 箱型构件相互间脱离，不再是一个整体，这是由于 GFRP 构件粘接时造成的板底和板顶不平整，在试件受力过程中三个 GFRP 箱型试件变形不协调造成的。试件 FCCD-4 的破坏形态如图 4.12 所示。

（a）B 端支座滑移破坏

（b）GFRP 腹板破坏情况

图 4.12　试件 FCCD-4 的破坏形态

（c）混凝土板面破坏情况

续图 4.12

5. 试件 FCCD-5

试件 FCCD-5：粘砂连接、C55，混凝土板厚为 100 mm。当加载到 133 kN 时，试件出现第一声响声，随后在加载过程中出现响声或连续噼啪响声，但试件表面和测试的数据均没有异常情况发生。当加载到 602 kN 时，在混凝土与 GFRP 交界面距离 A 端加载板外侧 7.5 cm 处先出现一道非常明显的斜向加载板的裂缝，接着试件发出一声巨大的响声且伴随较长时间的连续噼啪响声，A 端支座处混凝土出现滑移，滑移值约为 11.5 mm，混凝土与界面胶层剥离，试件破坏。停止加载，将试件卸载至 0 kN，稳定一段时间后测得试件的最终残余变形仅为 0.45 mm。虽然 A 端混凝土与界面胶层发生剥离破坏，但整个试件的整体性较好，仅在 A 端加载板混凝土附近表面出现了一些横向不规则的裂缝，GFRP 构件没有明显破坏现象。为验证出现滑移后试件的承载能力和刚度情况，接着对试件进行了二次加载。二次加载过程中发现试件的变形比未发生滑移时试件在同荷载下的变形大很多，当加载到 358 kN 时，A 端支座处外侧的一个 GFRP 腹板受损严重，停止加载。

破坏特征：A 端支座处混凝土与界面胶层剥离，发生滑移破坏。当混凝土发生滑移时，由于连接界面的约束作用，在混凝土板侧面出现了许多竖向或斜向裂缝，这些裂缝开始出现在混凝土板的侧面与 GFRP 交界面处，裂缝发展至混凝土板顶，并在混凝土板顶面形成多条不规则的横向裂缝；另一侧加载板至 B 端支座混凝土板顶面没有裂缝出现；二次加载后试件的承载能力和刚度均大幅下降，而且还造成了加载板至 A 端支座处 GFRP 一侧腹板与上翼板脱离，破坏较为严重。试件 FCCD-5 的破坏形态如图 4.13 所示。

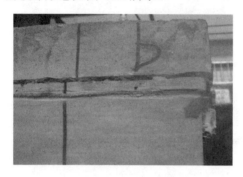

（a）A 端支座滑移破坏

（b）破坏端混凝土板侧面裂缝分布

（c）混凝土板顶面裂缝分布情况

图 4.13 试件 FCCD-5 的破坏形态

（d）二次加载后试件变形和破坏

续图 4.13

6. 试件 FCCD-6

试件 FCCD-6：湿粘接、C40，混凝土板厚为 70 mm。当加载到 165 kN 时，试件内部出现第一声响，随后在加载过程中出现断断续续的响声，每当试件出现响声时，就停止加载并将稳定荷载的时间延长一些，同时对试件进行外观检查并对测试的数据进行查看，如果没有异常就继续加载。当加载到 546 kN 时，试件突然发出一声巨大的响声，A 端加载板处附近的混凝土被压碎，并伴随着长达约 1 min 的较大的连续噼啪响声，混凝土压碎的同时计算机显示试验力降至 45 kN，试验结束。卸载后测得试件的残余变形为 0.34 mm。

试件破坏特点：A 端加载板处外侧混凝土压碎，混凝土内放置的 GFRP 筋压断；试件 A 支座端部位置中间的两个 GFRP 腹板肋处混凝土都出现了自 GFRP 上翼板至混凝土板顶的斜裂缝，两条斜裂缝呈倒八字形；仅出现 A 侧加载板附近混凝土压碎破坏，其他部位的混凝土没有出现裂缝或破坏现象。混凝土压碎破坏时，产生的巨大能量对包裹在混凝土内的 GFRP 外侧肋有一个很大的作用力，作用力导致两外侧的 GFRP 腹板向外屈曲，并与 GFRP 上下翼板连接处脱离。试件 FCCD-6 的破坏形态如图 4.14 所示。

（a）A 端加载板附近混凝土压碎破坏

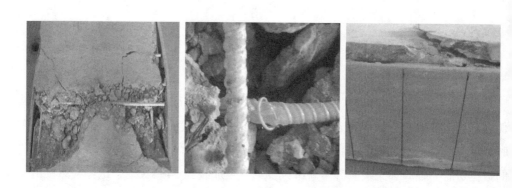

（b）试件破坏情况

（c）A 支座裂缝情况

图 4.14　试件 FCCD-6 的破坏形态

7. 试件 FCCD-7

试件 FCCD-7：湿粘接、C40，混凝土板厚为 100 mm。当加载到 138 kN 时，试件出现第一声响声，随后试件在加载过程中出现断断续续的单声响声或连续噼啪响声。当按照加载制度一直加载到 752 kN 时，试件 B 端加载板外侧附近混凝土顶板先出现一道裂缝，紧接着试件发出一声巨大的响声，此处的混凝土被压碎，并发出连续噼噼啪啪的响声，响声持续约 2 min 左右，混凝土压碎的同时试验力骤降到 52 kN，试验结束。卸载后测得试件的残余变形为 0.33 mm。

破坏特点：一端加载板外侧混凝土压碎，另一端加载板位置内侧混凝土出现一条横向裂缝，表明此侧混凝土也将破碎。混凝土破坏后在混凝土板顶跨中位置至 B 端加载板之间出现几条纵向和横向不规则裂缝，两个加载板间混凝土板侧面也出现了一些斜向板顶的裂缝；混凝土压碎的同时导致放置在里面的 GFRP 筋被压断，混凝土压碎产生的破坏能量使 GFRP 两外侧腹板向外屈曲，出现腹板与上下翼板脱离破坏；B 端支座 GFRP 肋处出现混凝土裂缝。试件 FCCD-7 的破坏形态如图 4.15 所示。

（a）混凝土压碎破坏和混凝土板顶裂缝分布情况

图 4.15　试件 FCCD-7 的破坏形态

（b）混凝土板侧面裂缝情况

（c）B 支座混凝土裂缝情况

续图 4.15

8. 试件 FCCD-8

试件 FCCD-8：湿粘接、C40，混凝土板厚为 150 mm。在加载过程中至破坏前，试件没有任何异常情况出现，当加载到 429 kN 在稳定荷载时，突然试件 B 端混凝土发生滑移破坏，试验结束。试验结束后测得该试件的滑移值约为 22 mm，残余变形仅为 0.11 mm。

试件的破坏特点：B 端加载板位置混凝土与界面剥离，界面剥离瞬间 B 支座混凝土出现滑移，混凝土滑移的同时造成 B 端加载板处 GFRP 构件两外侧腹板向外屈曲，并与上下 GFRP 翼板脱离，发生严重破坏；混凝土板滑移后，位于 B 端加载板下左右 50 cm 范围的混凝土板侧面出现了一些自界面到混凝土板顶的斜裂缝，这些裂缝仅有一条在混凝土板顶面贯穿成横向裂缝，其余的裂缝均没有贯穿到混凝土板顶，这说明滑移后混凝土板的整体性较好；混凝土滑移后使 B 支座端部混凝土在中间 GFRP 肋位置处出现斜裂缝。

试件 FCCD-8 的破坏形态如图 4.16 所示。

（a）B 端加载板位置混凝土界面剥离

（b）B 端加载板下混凝土板两侧裂缝分布情况

（c）B 支座混凝土滑移和裂缝分布情况

图 4.16　试件 FCCD-8 的破坏形态

9. 试件 FCCD-9

试件 FCCD-9：湿粘接、C25，混凝土板厚为 100 mm。当加载到 417 kN 时，试件开始出现响声，随后试件在加载的过程中出现断断续续的单声响声或连续噼啪响声，每次试件出现响声，就停止加载并将稳定荷载的时间延长一些，同时检查试件外观并查看测试数据。当加载到 622 kN 时，B 加载板处混凝土侧面有轻微细小的混凝土崩落，加载到 662 kN 时，距 B 支座 74 cm 和 85 cm 处混凝土板侧面各出现一条由界面至加载板方向的斜裂缝，接着试件发出一声巨大的响声和连续长时间的噼啪响声，B 加载板外侧附近混凝土压碎，此时试验力骤降到 192 kN，试验结束。将荷载卸载至 0 kN 后，测得试件的残余变形为 0.28 mm。

破坏特点：B 端混凝土加载板位置附近混凝土压碎，压碎混凝土位置里的 GFRP 筋断裂，与混凝土连接的 GFRP 两侧腹板向外屈曲并与翼板脱离破坏。

试件 FCCD-9 的破坏形态如图 4.17 所示。

图 4.17　试件 FCCD-9 的破坏形态

10. 试件 FCCD-10

试件 FCCD-10：湿粘接、C55，混凝土板厚为 100 mm。当加载到 419 kN 时，试件内部出现响声。当加载到 776 kN 时，A 端混凝土加载板处混凝土顶板出现横向裂缝，接着试件发出一声巨大的响声和连续长时间的噼啪响声，A 端加载板外侧附近混凝土压碎，同时试验力降至 135 kN，试验结束卸载后测得试件的残余变形为 0.26 mm。

破坏特点与试件 FCCD-6、FCCD-7 和 FCCD-9 的破坏特点类似，都是一侧加载板位置附近混凝土板压碎、GFRP 筋断裂、GFRP 腹板向外屈曲破坏。

试件 FCCD-10 的破坏形态如图 4.18 所示。

图 4.18　试件 FCCD-10 的破坏形态

4.3.2　试件破坏形态分析

所有试件在试验过程中主要有混凝土压碎破坏和界面剥离破坏两种典型破坏形态。由于 GFRP 构件两外侧伸入混凝土板内的倒 L 型肋对混凝土破坏时的约束作用，所以试件破坏时释放的能量会对其产生巨大的作用力，造成 GFRP 外侧腹板与上下翼板脱离，发生屈曲破坏。

混凝土压碎破坏 1（破坏形态 I）：当加载到极限荷载时，一加载板外侧混凝土压溃，同时此加载点处两侧 GFRP 腹板与翼板脱离并向外屈曲破坏。根据上述试件的试验过程及破坏形态，本试验中共有 5 个试件发生了此类破坏，具体见表 4.5。

界面剥离破坏 2（破坏形态 II）：当加载到极限荷载时，一加载板处混凝土板侧面先出现明显的斜裂缝，裂缝迅速扩展并沿板顶面贯通，接着与其相连的剪跨段混凝土板发生界面剥离破坏，而另一侧试件没有出现明显开裂和界面剥离情况。界面剥离破坏表现为两种形态：混凝土板与连接界面剥离出现滑移破坏，而与混凝土连接的 GFRP 腹板并没有破坏，将此破坏形态记为破坏形态 II a，试件 FCCD-2 发生了此类破坏；混凝土板与连接界面剥离发生滑移破坏，同时 GFRP 两外侧腹板与翼板脱离向外屈曲、剪切破坏，记为破坏形态 II b。

界面剥离破坏（破坏形态 III）：当加载到极限荷载时，加载板位置处的混凝土压碎，同时此侧支座处的混凝土发生滑移，如试件 FCCD-4。虽然此试件破坏时，三个单孔 GFRP 箱型试件受力变形不协调而使 GFRP 构件粘接分离，但这是由于 GFRP 箱型试件在粘接时人为因素造成的板顶和板底不平，GFRP 构件粘接分离破坏可不做考虑。

4.3.3 试件的试验结果

各试件的主要试验结果见表 4.5。

表 4.5 GFRP-混凝土组合板试件的主要试验结果

试件编号	界面形式	极限承载力/kN	跨中最大挠度/mm	混凝土压应变/με	GFRP 拉应变/με	挠跨比	破坏形态
FCCD-1		563	44.16	-2 728	4 848	1/77	I
FCCD-2	粘砂连接	691	42.33	-2 462	5 270	1/80	II a
FCCD-3		720	28.46	-1 714	3 997	1/119	II b
FCCD-4		670	41.57	-2 926	4 913	1/82	III
FCCD-5		721	42.13	-2 389	5 037	1/81	II a
FCCD-6		546	44.47	-3 021	4 897	1/76	I
FCCD-7		752	45.61	-2 619	5 515	1/75	I
FCCD-8	湿粘接	429	17.62	-1 136	2 463	1/192	II b
FCCD-9		662	45.29	-3 245	4 818	1/75	I
FCCD-10		776	48.99	-2 741	5 710	1/69	I

从表 4.5 中可以看出,发生混凝土压碎破坏的试件分别是 FCCD-1、FCCD-6、FCCD-7、FCCD-9 和 FCCD-10。在这 5 个试件中,只有试件 FCCD-1 的界面为粘砂连接,且所有试件的混凝土板厚均不大于 100 mm,这说明混凝土板的厚度会影响组合板最终破坏形式。当板厚不变时,仅提高混凝土的强度等级对组合板的破坏形式影响不大。发生界面剥离混凝土滑移破坏的试件分别是 FCCD-2、FCCD-3、FCCD-4、FCCD-5 和 FCCD-8。在这 5 个试件中,有 4 个试件的界面为粘砂连接,这说明界面为粘砂连接的试件易发生界面剥离破坏,同时也意味着湿粘接的粘接效果较好,试件在受力时混凝土和 GFRP 构件能更好地组合起来共同受力。但试件 FCCD-8 的界面为湿粘接,且此试件的混凝土板较厚,为 150 mm。混凝土板较厚,连接界面位于中性轴的下方,界面处于受拉状态,再加以界面制作时的施工质量因素,从而使其连接界面的抗剪连接强度相比其他试件低,在承载力为 429 kN 时发生了界面剥离破坏。

4.3.4　荷载-挠度曲线分析

图 4.19 给出了试验中各试件的加载点和跨中荷载-挠度曲线。从图 4.19 中可以看出,随着荷载的增大,试件的挠度基本上呈线性增长,当达到极限荷载时,试件的挠度达到最大值。试件将要破坏时的荷载-挠度曲线有微弯趋势,斜率变小,说明破坏瞬间试件的刚度降低。在试验中所有试件的破坏都是突然发生的,试件在破坏时的变形较大,挠跨比远远大于《公路钢筋混凝土及预应力混凝土桥涵设计规范》(JTG 3362—2018)规定的 1/600。在加载结束后的卸载过程中,由于 GFRP 构件的弹性回缩,整个构件的挠度逐渐变小,卸载结束后试件的残余变形很小,基本上能恢复原状。

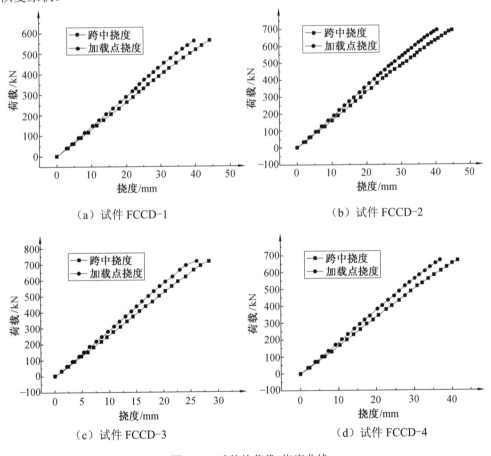

（a）试件 FCCD-1　　　　　　　（b）试件 FCCD-2

（c）试件 FCCD-3　　　　　　　（d）试件 FCCD-4

图 4.19　试件的荷载-挠度曲线

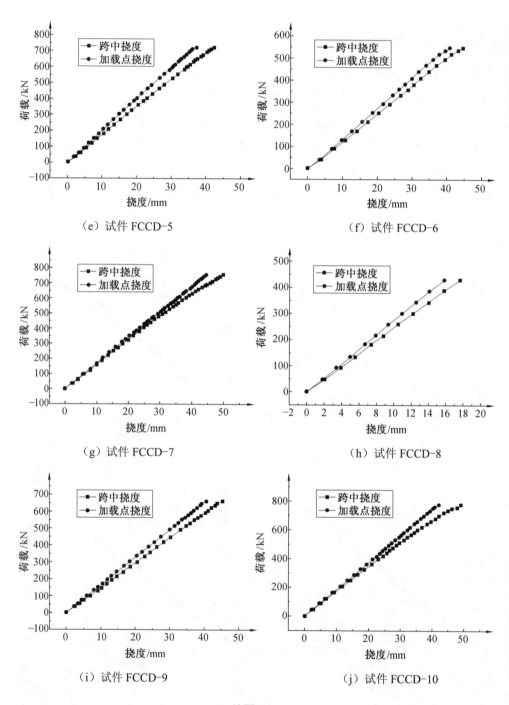

（e）试件 FCCD-5

（f）试件 FCCD-6

（g）试件 FCCD-7

（h）试件 FCCD-8

（i）试件 FCCD-9

（j）试件 FCCD-10

续图 4.19

　　为对比混凝土强度等级和混凝土板厚参数变化对 GFRP-混凝土组合板承载能力和变形的影响，图 4.20 和图 4.21 给出了粘砂连接界面和湿粘接界面各试件的荷载-挠度曲线对比。从图中可以看出，GFRP-混凝土组合板试件在加载过程中的荷载-挠度曲线呈线性增长，这表明组合板试件具有良好的整体工作性能，说明试件中采用的两种连接界面均能可靠连接，界面的抗剪连接性能较高。图 4.21（a）中显示，在混凝土板厚相同的情况下，混凝土强度等级的改变对构件的刚度影响不大，构件的承载力随混凝土强度等级的增大而有所增大，但幅度有限；图 4.21（b）显示，在混凝土强度等级相同的情况下，构件的刚度随混凝土板厚的增加明显增大，构件的承载力也随混凝土板厚的增加而显著提高（试件 FCCD-8 除外）。当混凝土板厚度由 70 mm 增大到 100 mm 时，构件的极限承载力增加较为显著，但当混凝土板厚度由 100 mm 增大到 150 mm 时，构件的极限承载力增长幅度却减缓，这是因为界面粘接破坏使得厚混凝土板的强度不能充分发挥。通过对试件 FCCD-8 的破坏模式、顶板混凝土压应变及跨中截面纵向应变等进行分析，发现此构件破坏时混凝土顶板压应变仅为-1 136 $\mu\varepsilon$，远远低于混凝土的极限压应变。由于此试件混凝土板较厚（$h=$150 mm），连接界面处于中性轴的下方，使界面处混凝土处于受拉的不利状态，再加以界面制作时的施工质量因素，从而使连接界面的抗剪连接强度相比其他试件低，使界面较早出现剥离破坏，最终造成其破坏时构件的承载力降低。

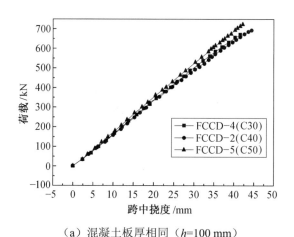

（a）混凝土板厚相同（$h=$100 mm）

图 4.20　试件（粘砂连接界面）荷载-跨中挠度曲线

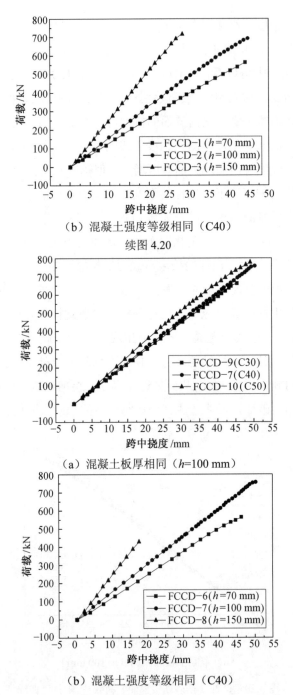

（b）混凝土强度等级相同（C40）

续图 4.20

（a）混凝土板厚相同（h=100 mm）

（b）混凝土强度等级相同（C40）

图 4.21　试件（湿粘接界面）荷载-跨中挠度曲线

图 4.22 给出了在混凝土强度等级和混凝土板厚都相同的条件下，两种不同连接界面下的试件跨中荷载-挠度对比。从图 4.22 中可以看出，每个图中的两条曲线的斜率非常接近。这说明在界面连接可靠的情况下，采取何种连接界面不会影响试件的承载力和刚度。如果界面连接可靠，理想状态下两条曲线应该完全重合。但是由于试件在制作时存在人为误差，而且材料本身也具有一定的离散性，实际上两条曲线不能完全重合。图 4.22 也进一步说明试验中采用的 GFRP-混凝土组合板试件具有良好的整体工作性能。

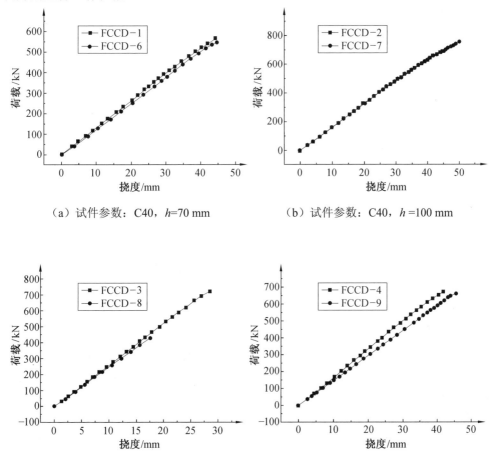

（a）试件参数：C40，h=70 mm

（b）试件参数：C40，h=100 mm

（c）试件参数：C40，h=150 mm

（d）试件参数：C30，h=100 mm

图 4.22　参数相同仅界面不同的试件跨中荷载-挠度曲线对比

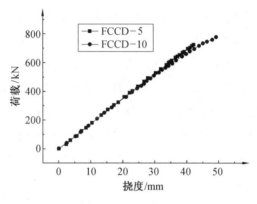

（e）试件参数：C50，h=100 mm

续图 4.22

4.3.5 应变分析

在试件上相应位置布置电阻应变片，测量试件在加载过程中的应变变化情况。

1. 混凝土应变分析

因混凝土破坏均发生在加载点位置处，另从采集的应变数据也可知，此处的混凝土应变大于跨中板顶混凝土的应变，故仅对混凝土板顶加载点处进行混凝土应变分析。

图 4.23 为采用两种连接界面的各试件混凝土顶板加载点处的荷载-应变曲线。从图 4.23 中可以看出，试件的荷载-应变曲线包括直线段和非直线段两部分：在加载初期，荷载-应变曲线呈线性状态，如在此阶段卸载，应变能恢复。随着荷载的逐渐增大，曲线的非线性特性越来越明显，直至构件破坏。从表 4.5 和图 4.23 中可以看出，破坏形态为 Ⅰ、Ⅲ 的试件（FCCD-1、FCCD-4、FCCD-6、FCCD-7、FCCD-9、FCCD-10）在破坏时混凝土顶板的压应变均超过了-2 500 με，最大混凝土压应变为-3 245 με（试件 FCCD-9），已经接近《混凝土结构设计规范》（GB 50010 — 2010）规定的混凝土极限压应变-3 300 με。混凝土压碎破坏说明试件界面的抗剪连接性能较高；而破坏形态为 Ⅱ 的试件（FCCD-2、FCCD-3、FCCD-5、FCCD-8）在破坏时混凝土顶板的压应变均低于-2 500 με，最小仅为-1 136 με（试件 FCCD-8），远小于混凝土的极限压应变，说明试件的界面抗剪连接性能相对较低，界面先发生剥离破

坏；破坏形态为Ⅲ的试件 FCCD-4，试件破坏时混凝土的压应变为-2 926 με，使混凝土压碎，而同时界面出现了剥离破坏，这种状态的界面抗剪连接性能也较高。

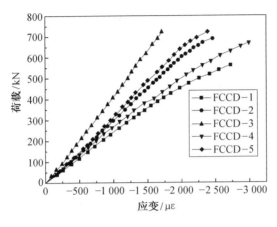

（a）粘砂连接界面

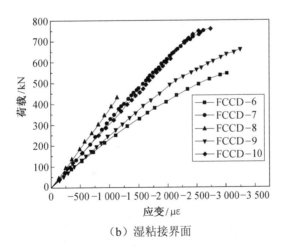

（b）湿粘接界面

图 4.23　混凝土顶板加载点荷载-应变曲线

2. GFRP 底板应变分析

图 4.24 为分别采用两种连接界面各试件 GFRP 底板的荷载-跨中应变曲线。从图 4.24 中可以看出，所有试件在加载过程 GFRP 底板的荷载-应变曲线始终保持直线状态，荷载与应变之间是完全的弹性关系，符合 GFRP 材料弹性性能好和具有较高抗拉强度的材料特性。构件在破坏时 GFRP 纵向纤维拉应变最大为 5 710 με（FCCD-10），远小于 GFRP 材料的极限拉应变 14 100 με，说明 GFRP 构件的强度没有被充分发挥和利用。如何在保证构件承载力和刚度的情况下，充分发挥 GFRP 材料的强度性能，还有待于进一步研究。

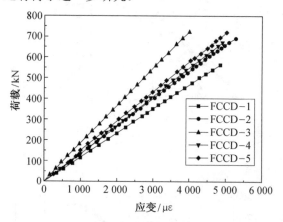

（a）粘砂连接界面

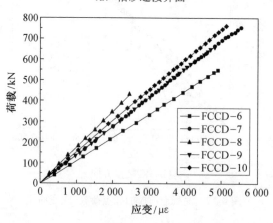

（b）湿粘接界面

图 4.24　GFRP 底板荷载-跨中应变曲线

3. 跨中侧面应变分布（平截面假定）

图 4.25 为组合板试件跨中截面纵向应变沿高度变化曲线。从图 4.25 中可以看出，各试件在加载过程中纵向应变沿截面高度始终呈线性变化，能够满足平截面假定。这进一步表明组合板试件在加载过程中始终保持良好的整体工作性能，连接界面抗剪性能较高，界面间滑移值很小，可以忽略滑移的影响。混凝土板厚为 70 mm 的试件（FCCD-1、FCCD-6）的连接界面基本上处于中性轴的位置，界面处混凝土的应力很小；混凝土板厚为 100 mm 和 150 mm 的试件连接界面位于中性轴的下方，使界面处的混凝土处于受拉的不利状态，且随混凝土板厚的增大界面混凝土所受的拉力越大，而混凝土的抗拉强度较低，当外荷载达到一定的值时，界面处混凝土所受拉应力大于界面抗剪强度，就会发生界面剥离破坏。本试验中采取 150 mm 混凝土板厚的两个试件 FCCD-3 和 FCCD-8 均发生了界面剥离，导致混凝土板出现滑移破坏。从图 4.25（i）中可以看出，当加载到极限荷载时，试件 FCCD-9 的中性轴下移，此时的纵向应变沿高度变化曲线已经不再是一条直线，这是因为混凝土处于非线性状态，导致截面应力的重新分布。

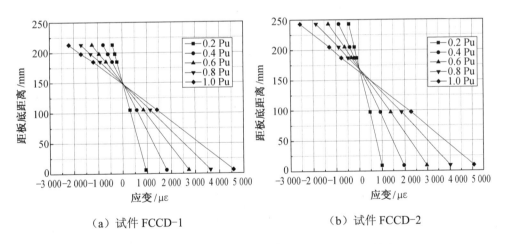

（a）试件 FCCD-1　　　　　　（b）试件 FCCD-2

图 4.25　试件跨中截面应变分布（Pu 为构件的极限承载力）

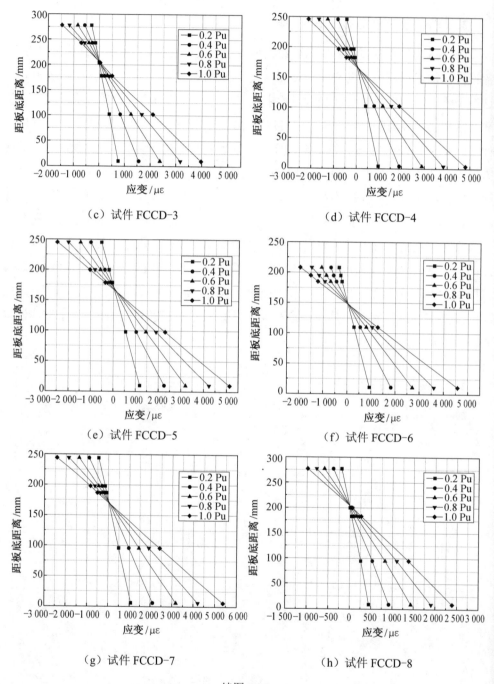

（c）试件 FCCD-3

（d）试件 FCCD-4

（e）试件 FCCD-5

（f）试件 FCCD-6

（g）试件 FCCD-7

（h）试件 FCCD-8

续图 4.25

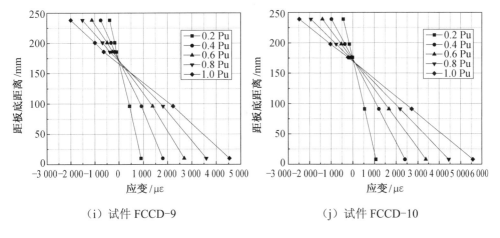

（i）试件 FCCD-9　　　　　　　　（j）试件 FCCD-10

续图 4.25

4.3.6　荷载-滑移分析

在试件的两端部 GFRP 与混凝土的界面位置布置百分表来量测界面间的相对滑移。测试结果显示，10 块 GFRP-混凝土组合板试件在试验加载过程中的滑移值均在 0～0.02 mm 范围内。因试件在加载过程中可能存在外界因素的影响，而且图 4.25 显示试件在加载过程跨中侧面应变始终保持直线状态，满足平截面假定。综合考虑可以忽略滑移的影响，认为试件在加载过程中没有出现滑移。

4.4　两批试验结果对比分析

本试验是在郭涛前期开展的 GFRP-混凝土组合板静力试验的基础上，将连接界面进行合理优化和改进，并增加了湿粘接的界面连接方式，而构件的形状、尺寸、材料特性及加载点位置均不改变。因两次试验都采用了粘砂连接界面，为对比直观，故选取粘砂连接界面的试件进行两次试验结果的对比，两次试验试件的粘砂连接界面做法在本章前部有具体介绍，两次试验的试验结果对比见表 4.6。

表 4.6　两批试件试验的主要结果对比

类别	试件编号	混凝土板厚/mm	混凝土强度等级	极限承载力 Pu/kN	最大滑移/mm	跨中最大挠度 f/mm	挠跨比	Pu_1/Pu_2	f_1/f_2	破坏模式
本次试验	FCCD-1	70	C40	563	0	44.16	1/77	1.38	0.63	强度破坏
	FCCD-2	100	C40	691	0.01	42.33	180	1.87	0.60	滑移破坏
	FCCD-3	150	C40	720	0.02	28.46	1/119	1.74	0.41	滑移破坏
前期试验	FCCBD-5	70	C40	409	—	70	1/50	—	—	挠度控制
	FCCBD-4	100	C40	369	14.5	70	1/50	—	—	
	FCCBD-3	150	C40	414	9.8	70	1/50	—	—	

从表 4.6 可以看出,界面优化后的试件在承载能力和刚度上均比前期开展的试件有较大幅度的提高。极限承载力提高幅度为 1.38~1.87 倍;极限荷载对应的挠度降低幅度为 0.41~0.63 倍;破坏模式不再以挠度进行控制,试件 FCCD-1 发生了混凝土压碎破坏,试件 FCCD-2 和 FCCD-3 发生了界面剥离破坏,破坏模式的改变说明了 GFRP-混凝土组合板试件的整体工作性能较好。这也进一步验证粘砂界面经优化改进后抗剪连接强度更高,连接更为可靠。

4.5　有限元数值模拟分析

在土木工程中,利用有限元技术来模拟分析结构工作性能是非常必要的。有限元分析成本低,能分析得到一些无法通过试验得到的数据。有限元分析结果需要通过试验结果验证,将有限元分析和试验研究合理结合能获得最优效应。本节在试验研究的基础上,采用 ABAQUS 有限元软件对 GFRP-混凝土组合板进行数值模拟分析,并进行有限元数值模拟与试验结果对比分析,为 GFRP-混凝土组合板的设计及应用提供依据和参考。

4.5.1　有限元模型

1. 单元类型

有限元建模时，采用实体单元 C3D8R 来模拟 GFRP 和混凝土的受力行为。C3D8R 是一种线性三维六面体八节点实体单元，与普通的 C3D8 实体单元相比，C3D8R 只拥有一个积分点。同时对于受弯构件，如细长的梁或薄板来说，C3D8R 比较柔而 C3D8 则比较刚，更适宜用于 GFRP-混凝土组合板的建模中。因不考虑界面滑移，当组合板的其他参数相同时，粘砂连接和湿粘接界面试件的有限元结果为一致，故本节仅对粘砂连接的 5 个组合板进行数值模拟分析。单元点的定义和积分点如图 4.26 所示。

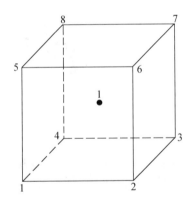

图 4.26　实体单元 C3D8R 的积分点和节点

2. 材料参数

根据试验结果，在有限元建模中将 GFRP 和混凝土材料均模拟成各向同性的线弹性材料。建模时，GFRP 弹性模量取 37.3 MPa，泊松比取为 0.402；混凝土的弹性模量见表 4.7，混凝土泊松比取 0.3。

表 4.7　混凝土弹性模量

C30	C40	C50
$3.0 \times 10^4/(\text{N} \cdot \text{mm}^{-2})$	$3.25 \times 10^4/(\text{N} \cdot \text{mm}^{-2})$	$3.45 \times 10^4/(\text{N} \cdot \text{mm}^{-2})$

3. 有限元模型的建立

为简化建模，忽略 GFRP 筋、GFRP 箱型构件导角等局部细节。根据几何、边界条件和加载的对称性，建立 1/2 模型进行分析，设置简支支承和对称边界条件。混凝土和 GFRP 用 tie 命令连接，相当于接触面自由度完全耦合，即 GFRP 和混凝土板界面处没有相对滑移。荷载按照步长比例进行加载，为模拟试验现象，荷载加载到极限荷载停止加载。有限元模型如图 4.27 所示。

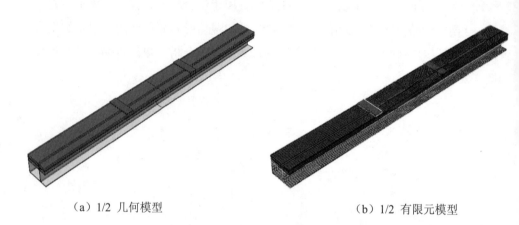

（a）1/2 几何模型   （b）1/2 有限元模型

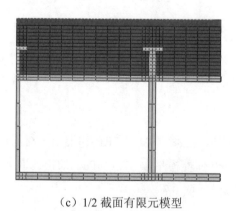

（c）1/2 截面有限元模型

图 4.27   有限元模型

4.5.2　有限元结果与试验值对比

1. 跨中挠度对比

试件在加载中的跨中挠度试验值与有限元值的对比如图 4.28 所示。从图 4.28 中可以看出，从加载开始至加载到极限荷载，各试件通过有限元模拟的荷载-跨中挠度曲线呈线性状态，与试件试验得到的荷载-跨中曲线形状基本相吻合。在加载初期，跨中挠度的试验值与有限元值吻合较好，随着荷载增大试验值与有限元值偏差也不断加大，这是因为有限元模拟时认为界面是没有滑移的，而实际试验过程中，界面是存在微小滑移的。

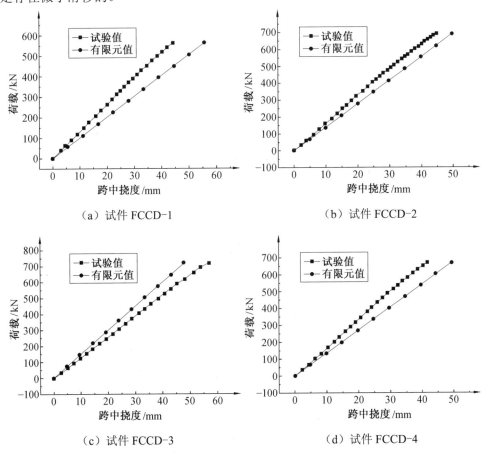

（a）试件 FCCD-1　　　　　　　（b）试件 FCCD-2

（c）试件 FCCD-3　　　　　　　（d）试件 FCCD-4

图 4.28　试件荷载-跨中挠度曲线对比

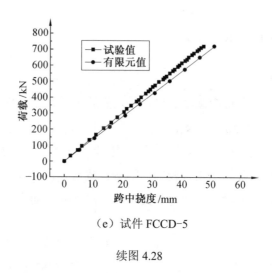

（e）试件 FCCD-5

续图 4.28

极限荷载下的跨中挠度偏差结果见表 4.8。从表 4.8 中可以看出，有限元计算与试验得到的挠度差值幅度变化范围为 15.65%～20.67%，材料本身的离散性、试件加工制作的误差、界面的微小滑移、混凝土不完全弹性及理论模型误差等都是造成偏差的因素。

表 4.8　极限荷载下的跨中挠度对比

类　别		FCCD-1	FCCD-2	FCCD-3	FCCD-4	FCCD-5
跨中挠度/mm	试验值	44.16	42.33	28.46	41.57	42.13
	有限元	55.67	49.70	23.98	49.28	50.98
	差值/%	20.67	14.83	-18.68	15.65	17.36

2. 加载点处混凝土应变的对比

图 4.29 给出了加载点处的混凝土顶板应变的有限元值与试验值的对比。从图 4.29 中可以看出，有限元模拟得到的曲线是完全线性的，而试验得到的曲线在混凝土压应变达到-1 500 με 后就由直线变为微弯。各试件加载点混凝土在极限荷载下的应变有限元计算结果与试验测试结果的差值见表 4.9。从图 4.29 和表 4.9 中可以看出，混凝土板厚为 100 mm 的三个试件 FCCD-2、FCCD-4 和 FCCD-5 在承载过程中和极限荷载下有限元结果与试验结果的差值百分比较小；而板厚为 70 mm 试件 FCCD-1

在加载过程中有限元模拟结果与试验结果吻合也较好，加载到接近极限荷载时，有限元结果和试验结果开始出现偏离，到极限荷载时二者间的差值为-15.2%；板厚为150 mm 的试件 FCCD-3 仅加载初期有限元模拟结果与试验结果吻合较好，然后就开始出现偏离，到极限荷载时二者间的差值为-21.6%。

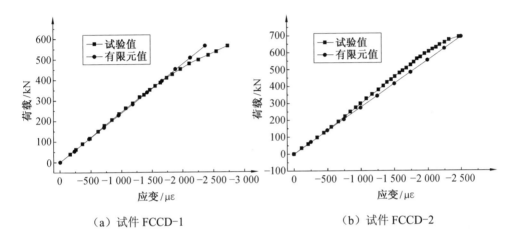

（a）试件 FCCD-1　　　　　（b）试件 FCCD-2

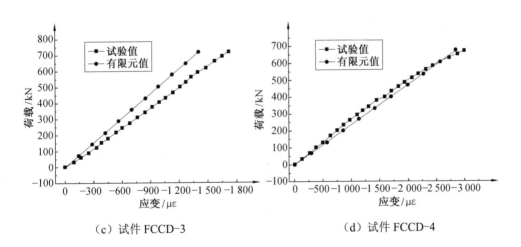

（c）试件 FCCD-3　　　　　（d）试件 FCCD-4

图 4.29　加载点处混凝土顶板应变有限元值与试验值对比

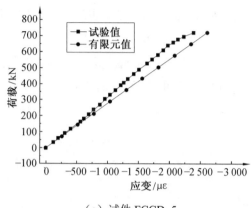

（e）试件 FCCD-5

续图 4.29

表 4.9　极限荷载时的加载点混凝土应变有限元与试验值的差值

类别	FCCD-1	FCCD-2	FCCD-3	FCCD-4	FCCD-5
应变试验值/$\mu\varepsilon$	-2 728	-2 462	-1 714	-2 926	-2 389
应变有限元/$\mu\varepsilon$	-2 368	-2 496	-1 410	-2 842	-2 605
差值/%	-15.2	1.4	-21.6	-3.0	8.3

3. GFRP 底板纵向应变的对比

图 4.30 给出了跨中位置 GFRP 构件底板纵向应变的有限元与试验值的对比关系。从图 4.30 中可以看出，有限元模拟得到图形和试验得到的图形都呈线性状态，有限元能较好地模拟试验中 GFRP 底板的应变趋势。各试件极限荷载下的 GFRP 底板应变有限元值与试验值的差值见表 4.10。

表 4.10　极限荷载时的 GFRP 底板应变有限元值与试验值的差值

类别	FCCD-1	FCCD-2	FCCD-3	FCCD-4	FCCD-5
GFRP 应变试验值/$\mu\varepsilon$	4 848	5 270	3 997	4 913	5 037
GFRP 应变有限元/$\mu\varepsilon$	5 629	5 648	3 336	5 538	5 839
差值/%	13.9	6.7	-19.8	11.3	13.7

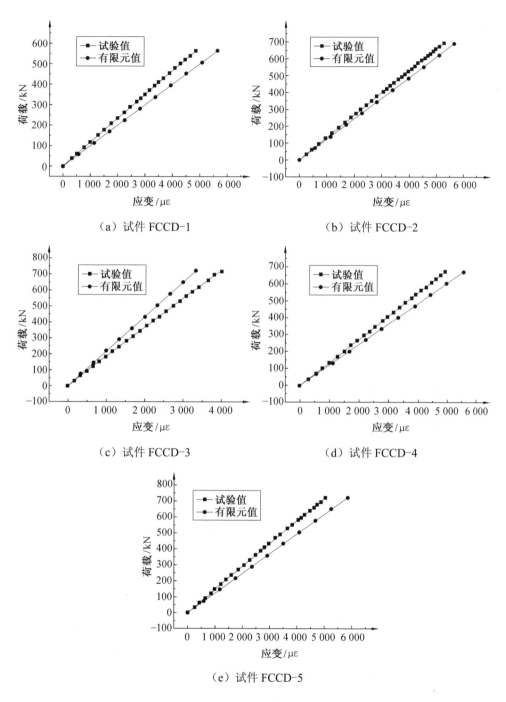

（a）试件 FCCD-1　　　　　　（b）试件 FCCD-2

（c）试件 FCCD-3　　　　　　（d）试件 FCCD-4

（e）试件 FCCD-5

图 4.30　GFRP 构件底板应变有限元值与试验值对比

4. 跨中截面纵向应变（平截面假定）

图 4.31 给出了各试件的跨中截面纵向应变分布的有限元模拟。从图 4.31 中可以看出所有试件均符合平面假定，而试验中得到的跨中截面纵向应变也满足平面假定，说明有限元与试验结果吻合较好。

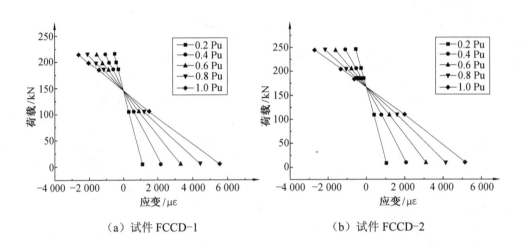

（a）试件 FCCD-1   （b）试件 FCCD-2

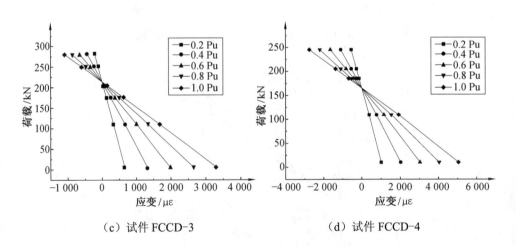

（c）试件 FCCD-3   （d）试件 FCCD-4

图 4.31　跨中截面纵向应变的有限元模拟

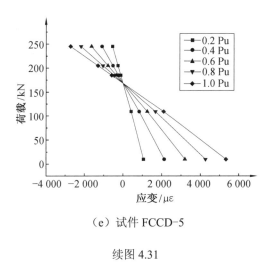

（e）试件 FCCD-5

续图 4.31

4.5.3　参数影响分析

在有限元计算时,通过改变混凝土板厚和混凝土强度等级参数,量测其对 GFRP-混凝土组合板受力性能的影响。

1. 挠度分析

按照荷载步长比例进行有限元加载,加载到各试件的极限荷载为止,图 4.32 为 FCCD-1 的极限荷载位移云图。

图 4.32　试件 FCCD-1 的 Y 向荷载-位移云图

图 4.33 为改变混凝土强度等级和板厚参数的有限元模拟的荷载-挠度曲线。从图 4.33（a）中可以看出，仅改变混凝土强度等级对组合板的挠度基本上没有影响；从图 4.33（b）中可以看出，保持混凝土强度等级不变的情况下，仅改变混凝土板厚对组合板的挠度影响很大。这进一步说明组合板的刚度随混凝土板厚的增大有较大幅度的提高，而改变混凝土强度等级对提高构件的刚度基本上没有影响。有限元模拟的结果与试验结果相吻合。

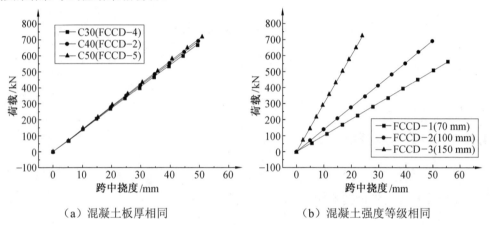

（a）混凝土板厚相同　　　　　　　　（b）混凝土强度等级相同

图 4.33　试件荷载-跨中挠度有限元模拟

2. 应变分析

试件 FCCD-1 极限荷载时混凝土 Z 向应变云图如图 4.34 所示。

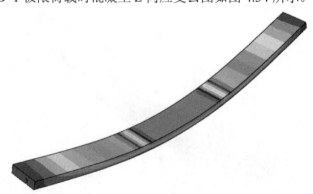

图 4.34　试件 FCCD-1 极限荷载时混凝土 Z 向应变云图

有限元模拟的加载点混凝土的荷载-应变曲线如图 4.35 所示。从图 4.35 中可以看出，在荷载相同时，随混凝土板厚的增大，混凝土加载点应变减小，这说明增大混凝土板厚能提高组合板的承载力。在荷载相同时，混凝土强度等级的提高对混凝土加载点的应变基本上没有影响，这说明增大混凝土强度等级对提高 GFRP-混凝土组合板构件的承载力影响不大。本书的试验结果也验证了这一点，有限元结果与试验结果相吻合。

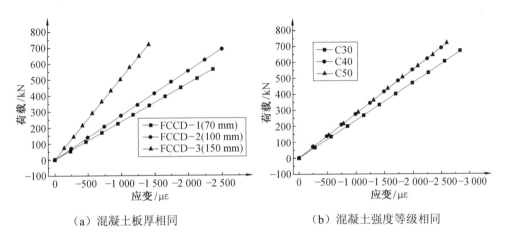

（a）混凝土板厚相同　　　　　　　　（b）混凝土强度等级相同

图 4.35　试件加载点处混凝土应变的有限元模拟

试件 FCCD-1 极限荷载时 GFRP 板 Z 向应变云图如图 4.36 所示。

图 4.36　试件 FCCD-1 极限荷载时 GFRP 板 Z 向应变云图

有限元模拟的 GFRP 底板荷载-应变曲线见图 4.37 所示。从图 4.37 中可以看出，混凝土板厚变化对 GFRP 应变影响较大，混凝土强度等级的改变对 GFRP 底板应变基本没有影响。在荷载相同时，GFRP 底板应变随混凝土板厚增大而减少，而混凝土强度等级变化对 GFRP 底板应变基本没有影响。有限元模拟得到的结果与试验结果相吻合。

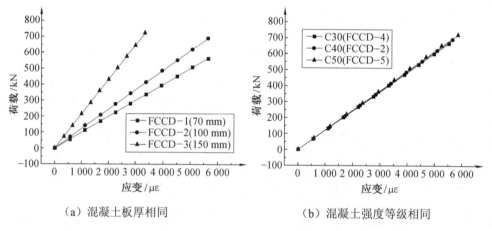

（a）混凝土板厚相同　　　　　　　　　（b）混凝土强度等级相同

图 4.37　试件跨中 GFRP 底板应变的有限元模拟

4.6　本 章 小 结

本章对采用两种连接界面的 10 块 GFRP-混凝土组合板进行了静载试验研究，根据试验过程和试验结果分析了 GFRP-混凝土组合板试件的破坏形态，影响组合板承载能力和刚度的主要因素，并与前期开展的组合板试件试验结果进行对比，用 ABAQUS 软件对组合板试件进行了数值模拟分析，得到如下结论：

（1）界面经合理优化改进设计的 GFRP-混凝土组合板试件，在试验加载过程中界面间出现的滑移值很小，具有良好的整体工作性能。

（2）本书设计的 GFRP-混凝土组合板试件具有较高的承载能力和良好的变形恢复能力。试件的破坏虽然为脆性破坏，但是在破坏时构件的变形较大。因 GFRP-混凝土组合梁/板的刚度远小于钢筋混凝土梁板的刚度，参考国内外学者的相关研究，GFRP-混凝土组合梁/板的挠度限值考虑设定为 $l/300$，此挠度对应的荷载远小于

GFRP-混凝土组合板的最大承载力。因此，在进行 GFRP-混凝土组合板设计时应按正常使用极限状态考虑，以变形为控制因素，从而使构件具有较高的强度安全储备。

（3）试验结果和有限元数值模拟结果均表明，在界面连接可靠的情况下，增大混凝土板厚能有效提高 GFRP-混凝土组合板构件的承载力和刚度，提高混凝土强度等级仅能提高组合板构件的承载力，但提高幅度有限。而混凝土强度等级提高对构件的刚度影响不大。但是增大混凝土板厚不仅会使构件的重量增加，而且还可能造成组合板构件的界面混凝土处于受拉的不利状态，因此在进行组合板设计时，在确定了混凝土的强度等级后，还应将混凝土板厚控制在合理的范围内。

（4）本书设计的组合板试件在试验加载开始至破坏前能够满足平截面假定，在理论计算中可以忽略界面滑移对结构刚度及承载力的影响，认为 GFRP 和混凝土协同工作。

（5）界面连接性能是影响组合板承载力和刚度的主要因素。GFRP-混凝土组合板的破坏大多数受界面性能控制，高混凝土强度，厚混凝土板厚，以及 FRP 材料都有可能不能充分利用，因而设计中要综合考虑。

（6）从有限元数值模拟结果和试验结果的对比可以看出，ABAQUS 有限元软件能较好地模拟 GFRP-混凝土组合板的受力情况。在今后的工作中，可以通过有限元数值计算进行组合板的设计优化，使混凝土和 GFRP 材料达到理想的受力状态，为组合板的实际应用提供技术保障。

（7）因生产工艺限制，GFRP 三孔箱型试件是由三个单孔粘接而成，三个单孔 GFRP 箱型构件的粘接质量，也是影响组合板受力的一个重要因素。因此，必须采取一定的构造措施将 GFRP 构件粘接牢固，保证在组合板受力过程中 GFRP 构件始终为一个整体，共同受力、共同变形。

第5章 FRP-混凝土组合桥面板疲劳性能试验研究

5.1 概　　述

FRP-混凝土组合桥面板是一种新型的桥面板结构体系，具有抗疲劳、耐腐蚀、施工速度快等优势，在桥梁工程中具有广阔的应用前景，但是目前仅在人行天桥或小跨度的公路桥梁上得到一些应用。国内外学者开展了一些关于 FRP-混凝土组合板的静力性能方面的研究，对其动力性能方面的研究却很少，而现有的研究也仅是验证性研究，尚无法形成完整的设计理论和方法。

本章是在第 4 章 GFRP-混凝土组合板静力试验研究的基础上，对界面采用粘砂连接和湿粘接的组合板试件在疲劳荷载下的受力性能进行试验研究，为进一步推广 FRP-混凝土组合板的实际工程应用提供参考和依据。

5.2 试验方案

5.2.1 试件设计

根据 GFRP-混凝土组合板的静力试验结果，选取粘砂连接和湿粘接界面，制作 4 块 GFRP-混凝土组合板试件。4 块 GFRP-混凝土组合板试件的混凝土强度等级均采用 C40、混凝土板厚取为 100 mm。混凝土板中放置的 GFRP 构造筋、试件底部的 GFRP 箱型构件、界面制作等均与静载试验相同，各试件的参数见表 5.1。组合板试件长度为 3 600 mm、宽度为 600 mm，与静载试验时试件的长度和宽度相同，构造示意图如图 5.1 所示。

表 5.1　试件参数

试件编号	界面形式	混凝土板厚/mm	混凝土强度等级	实测混凝土强度/MPa
FCCD-P1	粘砂连接	100	C40	46.6
FCCD-P2		100	C40	45.7
FCCD-P3	湿粘接	100	C40	44.8
FCCD-P4		100	C40	46.2

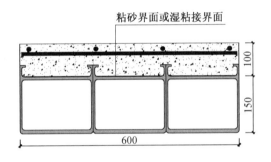

（a）A—A 截面

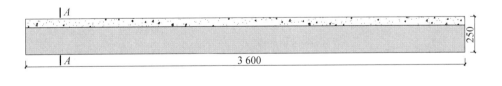

（b）

图 5.1　GFRP-混凝土组合板示意图

5.2.2　材料

GFRP 箱型试件的力学性能、GFRP 筋的力学性能指标见表 4.3 和表 4.4。混凝土的配制和浇筑均在长沙理工大学结构实验中心进行。因搅拌机容量较小，每个试件都是单独搅拌混凝土进行浇筑，在浇筑混凝土时，每个试件留置 3 个 150 mm×150 mm×150 mm 混凝土立方体试块。为测量 GFRP-混凝土组合板试件混凝土的实际抗压强度，混凝土试块和组合板试件都是在现场洒水覆盖，采取同条件养护，待养护 28 d 后进行混凝土试块的立方体抗压强度测试，每个组合板试件混凝土的立方体抗压强度见表 5.1。因混凝土浇筑时称量差异及材料的离散性等原因，故表 5.1 中 C40 混凝土的抗压强度稍有差异。

5.2.3 试验工况

对表 5.1 中的 4 个试件均进行疲劳试验，疲劳荷载幅的设定以第 4 章中同类型试件的静载试验结果为参考。虽然在静载试验中组合板的极限承载力较高，但其在极限荷载下对应的变形也很大，GFRP-混凝土组合板在工程应用时应按正常使用极限状态设计。故本章疲劳试验采用的疲劳循环荷载幅是根据 GFRP-混凝土组合板试件的变形并考虑实际通车能力等因素确定的。各试件的具体试验工况见表 5.2。

表 5.2　试验工况

类别	界面形式	加载方式	加载说明
FCCD-2		静力加载	分级加载至试件破坏，得到极限荷载
FCCD-P1	粘砂	等幅循环加载	$P_{min}=100$ kN，$P_{max}=200$ kN
FCCD-P2			$P_{min}=130$ kN，$P_{max}=260$ kN
FCCD-7		静力加载	分级加载至试件破坏，得到极限荷载
FCCD-P3	湿粘接	等幅循环加载	$P_{min}=100$ kN，$P_{max}=200$ kN
FCCD-P4			$P_{min}=100$ kN，$P_{max}=300$ kN

5.2.4 加载装置

4 块 GFRP-混凝土组合板试件均按简支板进行两点对称等幅循环疲劳加载，支座一端为固定铰支座，另一端为滚动铰支座。加载仪器采用济南力支测试系统有限公司生产的电液式加载机，由电脑控制自动加载。疲劳荷载通过作动头在跨中位置作用一脉动荷载，脉动荷载再通过分配板传递给加载点处的垫梁。加载装置如图 5.2 所示。

（a）加载装置照片

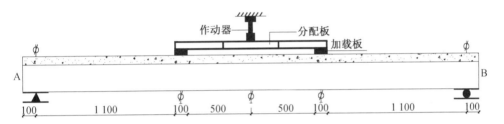

（b）加载装置示意图

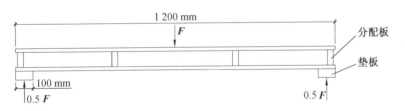

（c）加载板示意图

图 5.2　加载装置

5.2.5　加载制度

　　正式加载前先进行预加载，然后卸载，以检查试验装置和测试仪器的可靠性。在进行疲劳加载前，先在计算机上把荷载幅值和加载频率按照设计调好，为防止在加载过程中出现意外情况，加载前还应在作动头上设好限位装置，用来保护加载系统。进行疲劳试验的所有试件的加载频率均设计为 3.5 Hz，疲劳的目标次数为 200万次。为确定加载过程中 GFRP-混凝土组合板试件的疲劳损伤演化规律，先进行静力加载至疲劳荷载上限值 P_{max}，静力加载采用分级加载，测量每级荷载下试件的变形及应变情况，加载到上限值 P_{max} 后再进行卸载，卸载也按分级进行，同时测量试件的变形和应变情况。静力加载结束后开始进行疲劳加载，分别在疲劳循环次数达到 1 万次、5 万次、10 万次、20 万次、50 万次、100 万次和 150 万次后停机，然后再进行静力加载至疲劳荷载上限值 P_{max}，并且测量每级荷载下试件的变形及应变情况。在目标次数 200 万次后进行静力加载破坏试验，以确定组合板试件疲劳加载后的受力性能及承载力、刚度变化情况。

5.2.6　测量方案

1. 测试内容

在疲劳试验的每次静载试验中，都要对组合板试件跨中挠度、加载点挠度、支座位移、加载点处混凝土压应变、跨中位置混凝土压应变、GFRP 底板跨中应变、加载点处 GFRP 底板应变及试件跨中位置侧面 GFRP 和混凝土应变等进行测量。通过每次静载试验中测得的数据来对比分析试件疲劳损伤演化规律。

2. 测点布置

挠度：在组合板试件底部试件加载点位置、跨中位置及组合板试件顶部支座位置处布置百分表来测量试件挠度变化情况，百分表测点布置如图 5.3 所示。

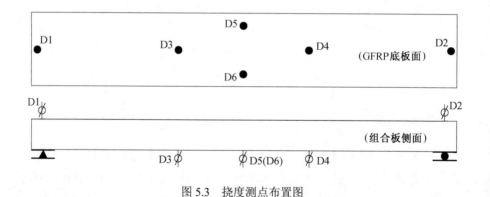

图 5.3　挠度测点布置图

应变：在混凝土顶板加载点位置、跨中位置布置电阻应变片来测量混凝土受压变化情况；在 GFRP 构件底板加载点位置、跨中位置布置电阻应变片来测量 GFRP

材料受拉情况；在组合板侧面跨中位置布置应变片，来量测组合板试件在受力过程中截面是否符合平截面假定。组合板试件的应变测点布置如图 5.4 所示。

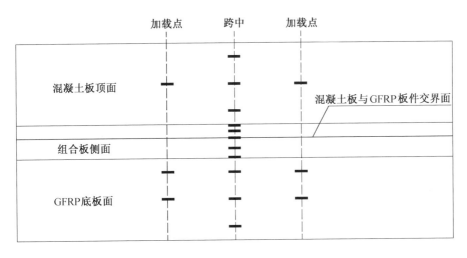

图 5.4　应变测点布置图

5.3　试验现象

5.3.1　静载试验

本书第 4 章进行了 GFRP-混凝土组合板试件的静力性能试验研究，本章的疲劳加载试验以第 4 章的静载试验结果为依据，不再另做静载试验。与进行疲劳试验对应的试件 FCCD-2、FCCD-7 的静载试验结果见表 5.3。

表 5.3　试件静载试验结果

试件编号	界面形式	极限承载力/kN	跨中最大挠度/mm	混凝土压应变/με	GFRP 拉应变/με	挠跨比	破坏形态
FCCD-2	粘砂	691	42.33	−2 462	5 270	1/80	混凝土滑移破坏
FCCD-7	湿粘接	752	45.61	−2 619	5 515	1/75	混凝土压碎破坏

通常在进行疲劳试验时，疲劳荷载幅是根据静载试验的极限承载力进行设定。

然而，GFRP-混凝土组合板试件静载试验的极限荷载对应的变形较大，故进行疲劳试验时，疲劳荷载幅设定是根据组合板试件正常工作时的极限挠跨比和实际通车的车辆荷载考虑的。本章疲劳试验中试件的疲劳荷载幅设定见表5.2。

5.3.2　疲劳试验及疲劳后的静载破坏试验

1. 试件 FCCD-P1

在疲劳试验前，先进行静载试验。静载试验采用分级加载，每 10 kN 为一级，稳定荷载 3 min，观察试验现象和采集数据后进行下级加载，直至加载到疲劳上限 200 kN 为止。在整个加载过程中，试件 FCCD-P1 表面没有发现异常现象。静力加载结束后进行卸载，卸载也分级进行，每级采集数据后继续卸载至 0 kN。静载试验结束后，进行第 1 次疲劳加载试验，先在试验机上把疲劳荷载幅值调好，设定好频率 3.5 Hz 和目标次数 1 万次后开始疲劳加载，在试验过程中不断对试件进行观察，试件没有任何现象出现，加载到 1 万次后试验机自动停止加载。为尽可能使试件变形恢复到初始状态，疲劳加载停止后 30 min 以上才能进行静载试验。静力加载程序及步骤同疲劳前进行的静载试验完全一致，静载后的卸载也同初始静载后卸载一致。按照上述方法进行后续的 5 万次、10 万次、20 万次、50 万次、100 万次、150 万次的疲劳加载和疲劳后的静力加载。在所有进行的疲劳试验过程中，试件 FCCD-P1 表面没有出现任何变化。

200 万次疲劳加载结束后进行静力加载破坏试验，该试件进行疲劳加载时，采用的作动头最大荷载为 250 kN，所以进行静载破坏时，改用 1 000 kN 的千斤顶手动控制加载，试件 FCCD-P1 疲劳加载后的静载破坏试验装置如图 5.5 所示。

图 5.5　试件 FCCD-P1 疲劳加载后的静载破坏试验装置

　　加载由手动控制每 10 kN 一级，采集各测点数据后进行下级加载，加载过程中试件偶尔发出个别声响，观察试件表面没有任何情况出现，采集的数据也没有突变现象，加载到 500 kN 后试件仍没有任何现象出现，此时分级卸载至 0 kN。等待 30 min 后，测得试件的残余挠度为 1.13 mm。再按上述操作重新进行静力加载，加载到 663 kN 时千斤顶已经加不上力，反而试验力下降到 653 kN，试件一侧加载板附近混凝土板侧面出现裂缝，突然试件发出一声很大的响声，一侧混凝土板发生滑移破坏，混凝土板端部滑移值约有 5 mm，同时伴随较长时间的连续噼啪响声，试验力快速下降至 170 kN。

　　观察破坏后的试件，破坏端加载点位置附近混凝土板顶出现一道横向裂缝，滑移端混凝土板侧面出现一些自界面至混凝土板顶的竖向裂缝，有的竖缝和混凝土顶板的横向裂缝贯通。滑移端的 GFRP 构件两外侧腹板突出的肋与混凝土板向外脱开，GFRP 构件基本保持完好。混凝土滑移使端部支座混凝土沿 GFRP 肋位置出现两条竖向裂缝。试件 FCCD-P1 在静载试验的破坏形态如图 5.6 所示。

（a）混凝土板侧面裂缝分布情况

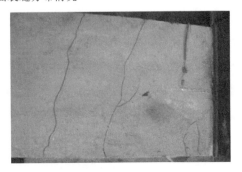

（b）滑移端支座裂缝分布情况　　　　　（c）混凝土板顶面裂缝分布情况

图 5.6　试件 FCCD-P1 的破坏形态

试件 FCCD-P1 虽然发生了滑移破坏，但试件的整体性还比较好。为测试该试件滑移后的剩余承载能力，再一次对试件 FCCD-P1 进行静力加载，加载控制同上，加载到 400 kN 并采集完数据后，试验力降到 391 kN，同时加载点位置混凝土板侧面裂缝增多，混凝土板端部滑移增大到 6 mm 左右，停止加载。

2. 试件 FCCD-P2

试件 FCCD-P2 和试件 FCCD-P1 是同类试件（混凝土强度等级、混凝土板厚及界面完全相同），在 FCCD-P1 疲劳试验结束后，根据疲劳试验情况和试验结果，为进一步研究 GFRP-混凝土组合板抗疲劳能力，将该试件的疲劳试验荷载幅进行调整：疲劳荷载幅上限 P_{max} 设定为 260 kN，下限 P_{min} 设定为 130 kN。与试件 FCCD-P1 相比，疲劳上、下限荷载值均增大 30%，而且荷载幅差值幅度增大 30%。

在疲劳试验前，先进行静载试验。静力加载过程同试件 FCCD-P1。静载结束后开始疲劳加载，加载频率保持 3.5 Hz 不变，分别在 1 万次、5 万次、10 万次、20 万次、50 万次、100 万次、150 万次试验结束后停机进行静力加载至疲劳荷载幅上限 260 kN。在每个阶段的疲劳试验中，试验机连续不间断地加载至设定的疲劳次数，达到疲劳次数后，计算机自动停止加载。在所有进行的疲劳试验过程中，除试件内部偶尔发出几声轻微的响声外，试件 FCCD-P2 表面没有出现任何变化。

200 万次疲劳目标试验结束后，对 FCCD-P2 试件进行静力加载破坏试验。静力试验采用分级加载，每 10 kN 一级，稳定荷载 3 min，采集数据后进行下级加载，加载到 439 kN 后进行分级卸载至 0 kN，并且采集各测点数据，卸载完成等待 30 min 后测试件的残余变形为 0.46 mm。再一次进行静力加载直到试件破坏，当加载到 480 kN 时，试件内部开始出现断断续续的响声；当加载到 598 kN 时，GFRP 构件一外侧腹板与上翼板开始从 A 支座位置处脱离，GFRP 腹板与下翼板连接处也有裂痕出现，随着荷载的不断加大，GFRP 腹板与上翼板脱离的长度变大，GFRP 腹板与下翼板连接处裂缝增长却较为缓慢。当加载到 608 kN 时，距离 A 端加载板 80 cm 位置处混凝土板侧面中部出现一条长度约为 20 cm 的微小水平裂缝，继续加载，这条混凝土裂缝扩展变长、变宽，同时 GFRP 腹板与上翼板脱开距离也不断增大。当加载到 623 kN 时，混凝土水平裂缝扩展至 A 端加载板底部并形成通向加载板的斜裂缝，GFRP 腹板与上翼板脱距离长度也到达加载板底部，此时试件突然发出很大的响声，此侧混凝土板出现滑移破坏，滑移值约为 8 mm，端部支座处 GFRP 腹板与上下翼板也完全脱开。滑移破坏释放出巨大的能量，使加载板附近外侧混凝土破坏较为严重，混凝土板滑移时由于肋的阻挡使端部支座处混凝土沿 GFRP 肋处出现裂缝。试件 FCCD-P2 在静载试验的破坏形态如图 5.7 所示。

图 5.7　试件 FCCD-P2 的破坏形态

3. 试件 FCCD-P3

试件 FCCD-P3 设定的疲劳荷载幅为上限 P_{max} 为 200 kN，下限 P_{min} 为 100 kN，加载频率为 3.5 Hz，设定疲劳目标次数为 200 万次。在疲劳试验前，先分级静力加载至 200 kN，每 10 kN 为一级，稳定荷载 3 min，观察试验现象并采集数据后进行下级加载，加载结束后分级卸载至 0 kN，每级采集数据和记录试验现象。静载试验结束后进行疲劳加载试验，按照 1 万次、5 万次、10 万次、20 万次、50 万次、100 万次、

150 万次分别进行疲劳加载，每次疲劳加载结束后进行静力加载至疲劳荷载上限 200 kN。

试件 FCCD-P3 在整个疲劳循环过程中，试件表面没有任何现象出现。疲劳试验结束后的静载破坏试验采用的试验装置与试件 FCCD-P1 相同，都是采用千斤顶手动加载，每 10 kN 一级，采集数据后进行下级加载。加载过程中试件内部偶尔出现个别声响，观察试件没有什么变化，加载到 540 kN 后进行分级卸载至 0 kN，等待 30 min 后测得该试件的残余变形为 0.49 mm。再次进行静力加载，当加载到 539 kN 时，试件内部开始出现响声，在随后的加载过程中响声不断出现，但试件外表并没有出现任何变化，测试的数据也没有异常现象。当加载到 758 kN 时，一侧加载板处混凝土板侧面出现一条约 20 cm 长的细微水平裂缝，裂缝很快扩展变宽。当加载到 771 kN 时，试件突然发出很大的响声，此侧加载板外侧混凝土压碎，试验力快速降到 210 kN，混凝土压碎的同时试件伴随着较长时间的连续噼啪响，试验结束进行卸载，测得试件破坏后的残余变形为 1.08 mm。混凝土压碎时释放出的能量，使与其相连的两侧 GFRP 腹板向外屈曲与上翼板脱离，同时放置在混凝土内的 GFRP 筋压断，试件 FCCD-P3 的破坏形态如图 5.8 所示。

图 5.8　试件 FCCD-P3 的破坏形态

4. 试件 FCCD-P4

试件 FCCD-P4 和试件 FCCD-P3 是同类试件（混凝土强度等级、混凝土板厚及界面完全相同）。在 FCCD-P3 疲劳试验结束后，根据疲劳试验情况和试验结果，并且参考试件 FCCD-P2 的疲劳试验结果，进一步增大疲劳上限值和提高疲劳荷载幅，将试件 FCCD-P4 疲劳荷载幅上限 P_{max} 设定为 300 kN，下限 P_{min} 设定为 100 kN。与试件 FCCD-P3 相比，疲劳上限荷载值增大 50%，下限 P_{min} 保持 100 kN 不变，荷载幅差值幅度增大 30%。

需要注意的是，试件 FCCD-P4 在吊装时，由于人为因素造成该试件一侧端部的 GFRP 外侧腹板与下翼板脱离，其长度约为 7.5 cm。

在疲劳试验前，先进行静载试验，静载试验采用分级加载，每级为 10 kN，记录试验现象并采集数据后进行下级加载，一直加载到 300 kN 后，停止加载。然后进行卸载，卸载也按分级进行，每级采集数据后进行下级卸载。

疲劳试验设定加载频率为 3.5 Hz，疲劳目标次数为 200 万次，分别在 1 万次、5 万次、10 万次、20 万次、50 万次、100 万次、150 万次疲劳加载结束后，停机进行静力加载到 300 kN。在疲劳加载达到 50 万次，试件 FCCD-P4 没有出现任何变化。在 50 万次到 100 万次的疲劳加载过程中，当疲劳加载达到 98.6 万次时，有初始缺陷的 GFRP 外侧腹板与下翼板脱开长度开始增长，同时对应处的 GFRP 腹板与上翼板连接位置出现纤维断裂现象，包裹在混凝土里的 GFRP 肋也开始出现与混凝土脱离现象。当 100 万次疲劳加载结束时，GFRP 外侧腹板与下翼板脱开长度达到 27 cm，GFRP 腹板与上翼板处的纤维断裂长度达到 12 cm，GFRP 肋与混凝土的脱离长度达到 78 cm，其他位置处的 GFRP 和混凝土板没有任何现象出现。在 100 万次疲劳加载后的静载试验中，试件没有新增任何变化。继续进行疲劳加载到 120 万次时，距离有缺陷端加载板 13 cm 处混凝土板侧面出现 1 道细小的斜裂缝，GFRP 肋与混凝土的脱离也延伸到此处。继续疲劳加载，混凝土斜裂缝变宽并延长，GFRP 腹板损伤继续加大，当疲劳加载到 138.8 万次时，试件突然发出很大的响声，此侧加载板下的混凝土断裂，形成几个小部分，试件两侧的 GFRP 腹板破坏严重，有初始缺陷侧的 GFRP 腹板与上下翼板几乎完全脱离，相对应另一侧 GFRP 腹板也出现与上下翼板脱离现象。试件 FCCD-P4 的破坏形态如图 5.9 所示。

图 5.9　试件 FCCD-P4 的破坏形态

5.4　疲劳试验过程中的静载试验结果与分析

5.4.1　试验结果

表 5.4～5.7 给出疲劳试验中的各组合板试件在各循环次数下的最大挠度和残余变形。

从表 5.4～5.7 可以看出，每个试件在各疲劳循环荷载作用后各静载试验中的跨中最大挠度很接近，差值均小于 0.5 mm。基于人为因素及百分表读数等原因，综合考虑认为在各疲劳循环荷载作用下试件的跨中挠度没有发生变化；静载试验结束后卸载至 0 kN，等待 30 min 后测量试件的残余变形。从表中可以看出，试件在各疲劳时刻的残余变形很小，说明试件的变形恢复能力较强，残余变形并没有随疲劳次数的增加而加大。表 5.4～5.7 中数据表明在疲劳加载过程中组合板试件的刚度无明显退化现象。

表 5.4　试件 FCCD-P1 在各疲劳循环加载后静载试验的最大挠度和残余变形

疲劳荷载幅	P_{min}=100 kN，P_{max}=200 kN							
疲劳循环加载次数	0 万	1 万	5 万	10 万	20 万	50 万	100 万	150 万
跨中最大挠度/mm	12.97	13.08	13.36	13.12	13.32	13.35	13.11	13.34
残余变形/mm	0.13	0.14	0.15	0.15	0.15	0.14	0.14	0.14

表 5.5　试件 FCCD-P2 在各疲劳循环加载后静载试验的最大挠度和残余变形

疲劳荷载幅	P_{min}=130 kN，P_{max}=260 kN							
疲劳循环加载次数	0 万	1 万	5 万	10 万	20 万	50 万	100 万	150 万
跨中最大挠度/mm	15.56	15.65	15.78	15.64	15.76	15.82	15.82	15.87
残余变形/mm	0.15	0.16	0.15	0.14	0.15	0.16	0.16	0.16

表 5.6　试件 FCCD-P3 在各疲劳循环加载后静载试验的最大挠度和残余变形

疲劳荷载幅	P_{min}=100 kN，P_{max}=200 kN							
疲劳循环加载次数	0 万	1 万	5 万	10 万	20 万	50 万	100 万	150 万
跨中最大挠度/mm	13.28	13.12	13.24	13.23	13.58	13.24	13.08	13.16
残余变形/mm	0.16	0.16	0.18	0.17	0.17	0.19	0.2	0.19

表 5.7　试件 FCCD-P4 在各疲劳循环加载后静载试验的最大挠度和残余变形

疲劳荷载幅	P_{min}=100 kN，P_{max}=300 kN							
疲劳循环加载次数	0 万	1 万	5 万	10 万	20 万	50 万	100 万	150 万
跨中最大挠度/mm	18.21	18.26	18.14	18.10	18.25	18.26	18.26	——
残余变形/mm	0.14	0.16	0.15	0.14	0.15	0.15	0.17	——

5.4.2 静载试验结果分析

1. 挠度分析

图 5.10 为各组合板试件在各疲劳循环加载结束后进行静载试验的荷载-跨中挠度曲线。从图 5.10 中可以看出，试件在各个静载试验阶段的荷载-挠度曲线均为直线形状，且基本重叠在一起，这表明组合板试件的刚度并没有随疲劳加载次数的增加出现明显的退化现象，进一步说明组合板试件的抗疲劳性能较好。

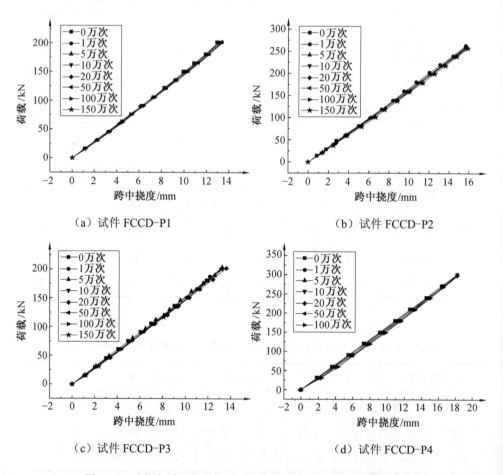

（a）试件 FCCD-P1   （b）试件 FCCD-P2

（c）试件 FCCD-P3   （d）试件 FCCD-P4

图 5.10　试件在循环荷载作用后静载试验中的荷载-跨中挠度曲线

2. 混凝土压应变分析

图 5.11 为 4 块组合板试件在各疲劳循环荷载作用后静载试验中的混凝土加载点位置的荷载-应变曲线。从图中可以看出，在各疲劳循环加载后，试件的混凝土加载点荷载-应变曲线形状类似，当加载到疲劳荷载上限值时，各试件的混凝土加载点压应变数值相差很小，表明混凝土加载点处的压应变并没有随着疲劳次数的增大而有较大的改变，仅有增大的趋势。试件 FCCD-P4 在试件本身具有初始缺陷和疲劳荷载上限及疲劳荷载幅增大较多等因素的作用下，在加载到 138.8 万次时发生疲劳破坏，但在破坏前的疲劳加载静载试验结果显示加载点混凝土压应变还满足上述规律。

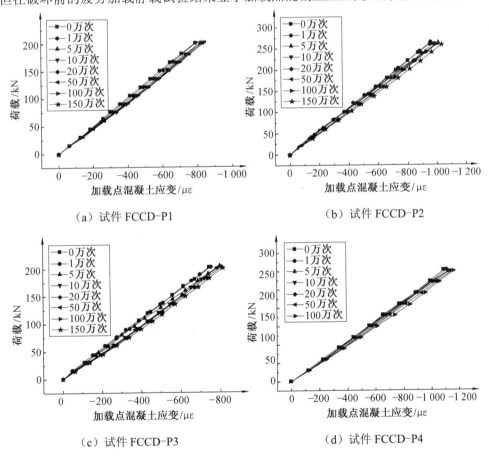

（a）试件 FCCD-P1　　　　　　　　（b）试件 FCCD-P2

（c）试件 FCCD-P3　　　　　　　　（d）试件 FCCD-P4

图 5.11　试件在各循环荷载作用后静载试验中加载点混凝土的荷载-应变曲线

3. GFRP 拉应变分析

图 5.12 为各组合板试件在各疲劳循环加载后静载试验中 GFRP 底板跨中荷载-应变曲线。从图中可以看出，试件 FCCD-P1、FCCD-P2 和 FCCD-P3 在各疲劳次数后的静载试验中的 GFRP 底板跨中荷载-应变曲线基本上重合在一起，均表现为线性状态。虽然试件 FCCD-P4 在循环荷载加载到 138.8 万次时发生了疲劳破坏，但其在破坏前各疲劳加载后静载试验中的 GFRP 底板跨中荷载-应变曲线也表现为线性状态，几条曲线虽然没有完全重合在一起，但应变值很接近，GFRP 构件腹板的初始缺陷并没有对 GFRP 底板的抗拉强度产生较大影响。图 5.12 曲线表明随着疲劳次数的增大，各组合板试件 GFRP 底板的疲劳损伤减小，进一步说明 FRP 材料本身的抗疲劳能力较好。

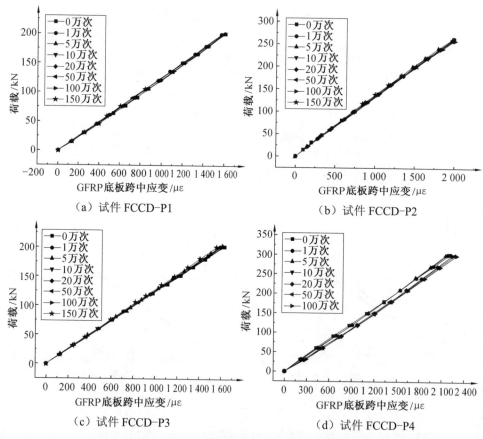

（a）试件 FCCD-P1　　　　　　　（b）试件 FCCD-P2

（c）试件 FCCD-P3　　　　　　　（d）试件 FCCD-P4

图 5.12　试件在循环荷载作用后静载试验中 GFRP 底板的荷载-应变曲线

5.5 疲劳后静载破坏试验结果与分析

5.5.1 试验结果

在疲劳循环加载到 200 万次后，试件 FCCD-P1、FCCD-P2 和 FCCD-P3 均没有发生疲劳破坏，因此对这 3 个试件进行了静载破坏试验，试验过程及试验现象在本章前部有详细描述。试件 FCCD-P1、FCCD-P2 和 FCCD-P3 的疲劳后静载破坏试验结果及破坏形态见表 5.8。因试件本身的初始缺陷和疲劳荷载幅值加大，试件 FCCD-P4 在疲劳加载到 138.8 万次时发生了疲劳破坏，由于试件数量有限，暂不能对试件 FCCD-P4 的破坏模式进行定性，还需重新制作试件，再次按照设定的疲劳荷载幅加载进行疲劳试验，来确定其最终的破坏模式。

表 5.8 试件疲劳加载结束后的静载试验结果及破坏形态

试件编号	界面形式	极限承载力/kN	跨中最大挠度/mm	混凝土压应变/$\mu\varepsilon$	GFRP 拉应变/$\mu\varepsilon$	破坏形态
FCCD-P1	粘砂	645	38.91	−2 663	4 552	滑移破坏
FCCD-P2	粘砂	623	38.18	−2 699	4 421	滑移破坏
FCCD-P3	湿粘接	750	46.89	−2 819	5 307	混凝土压碎破坏

5.5.2 试验结果分析

1. 荷载-跨中挠度曲线分析

图 5.13 给出了各组合板试件在疲劳加载结束后静载试验中的跨中挠度与同类试件直接进行静载试验的跨中挠度对比图。从图中可以看出，经过疲劳加载的 3 个组合板试件（FCCD-P1、FCCD-P2、FCCD-P3）与没有经过疲劳加载的同类试件 FCCD-2 和 FCCD-7 的荷载-跨中挠度曲线形状相似，从加载开始至试件破坏前阶段基本上呈线性状态，在试件进入将要破坏的阶段，荷载-挠度曲线斜率减少，有微弯变化，表现为非线性状态。在相同荷载作用下，经过疲劳加载的试件跨中挠度略有增大，但增大幅度非常小。从图 5.13（a）中可以看出试件 FCCD-P1 和 FCCD-P2

的荷载-跨中挠度曲线基本上重叠在一起，并没有随着疲劳荷载幅的改变而有所变化。这表明在疲劳荷载作用下组合板试件的刚度没有明显退化现象。

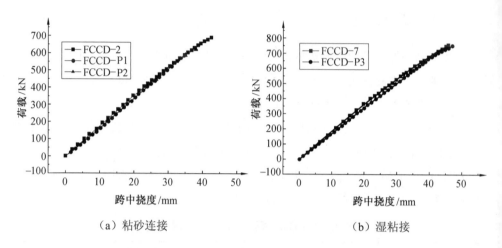

（a）粘砂连接　　　　　　　　　（b）湿粘接

图 5.13　试件静载试验与试件疲劳后静载试验中的荷载-跨中挠度曲线对比

2. 混凝土压应变分析

图 5.14 给出了经过疲劳循环加载后静载试验中组合板试件与未经疲劳循环加载直接进行静载试验的同类试件的混凝土加载点荷载-应变曲线对比。

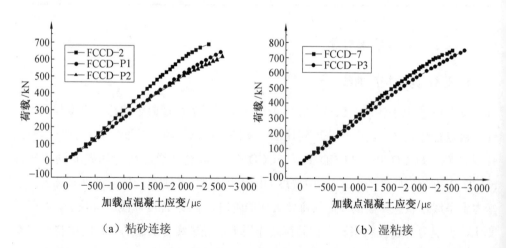

（a）粘砂连接　　　　　　　　　（b）湿粘接

图 5.14　试件静载试验与试件疲劳后静载试验中的混凝土加载点荷载-应变曲线对比

从图中可以看出，与未经过疲劳加载的组合板试件相比，经过疲劳加载的组合板试件在混凝土加载点位置处的应变较大，说明疲劳加载后混凝土有一定的疲劳损伤。试件 FCCD-P1 与试件 FCCD-P2 的荷载-混凝土加载点应变曲线在线性阶段接近重合，在非线性阶段，试件 FCCD-P2 的混凝土加载点应变要略大于试件 FCCD-P1 的应变，说明疲劳荷载幅的增大对混凝土损伤在线性阶段影响较小，在非线性阶段，试件混凝土的损伤随疲劳荷载幅的增大而加大，但加大的幅度有限。

3. GFRP 拉应变分析

图 5.15 给出了经过疲劳循环加载后静载试验中的组合板试件与未经疲劳循环加载直接进行静载试验的同类组合板试件的 GFRP 底板跨中位置处的荷载-应变曲线对比。从图中可以看出，无论是否经过疲劳加载，是否改变疲劳荷载幅，GFRP 底板跨中位置的荷载-应变曲线均表现为线性状态，且基本重合，说明在疲劳循环荷载作用下，GFRP 底板基本没有疲劳损伤，GFRP 材料抗疲劳能力较强。

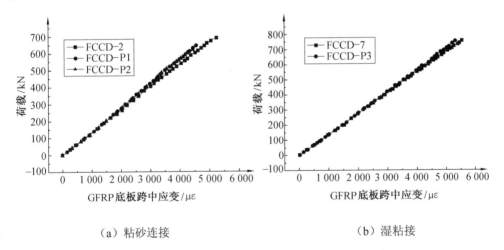

（a）粘砂连接　　　　　　　　　　（b）湿粘接

图 5.15　试件静载试验与试件疲劳后静载试验中的 GFRP 底板跨中应变对比

4. 平截面假定分析

图 5.16 给出了经过疲劳循环加载后组合板试件 FCCD-P1、FCCD-P2 和 FCCD-P3 在静载破坏试验中的跨中截面纵向应变分布图。从图中可以看出，3 个试件在不同荷载阶段的跨中截面纵向应变曲线始终为直线形，满足平截面假定。这进

一步说明经过疲劳加载后的组合板试件刚度没有明显退化现象，另外也说明在加载过程中组合板界面没有出现滑移现象。

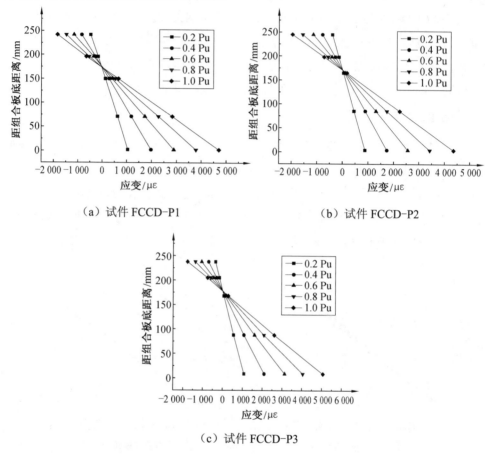

（a）试件 FCCD-P1   （b）试件 FCCD-P2

（c）试件 FCCD-P3

图 5.16　试件跨中截面纵向应变分布（Pu 为极限荷载）

5.5.3　疲劳承载力退化分析

图 5.14 和图 5.15 显示疲劳循环加载对混凝土有一定的损伤，但损伤不大。而对 GFRP 底板基本没有损伤；图 5.13 和图 5.16 显示在疲劳荷载作用下 GFRP-混凝土组合板刚度无明显退化现象，在破坏前组合板界面没有出现滑移现象。从表 5.3 和表 5.5 可知，试件 FCCD-P1 和试件 FCCD-P2 的承载力均比同类试件 FCCD-2 的承载力（691 kN）降低，试件 FCCD-P2 又比试件 FCCD-P1 承载力降低，单纯从承载力

降低这个因素上看，疲劳循环加载和疲劳荷载幅的增大造成组合板试件的承载力退化，然而这 3 个试件的破坏模式均为混凝土滑移破坏，而滑移破坏主要是由于界面剥离引起的，界面粘接效果好，试件的承载力就大；而试件 FCCD-P3 的承载力（750 kN）与同类试件 FCCD-7 的承载力（752 kN）基本相等，虽然在疲劳加载中混凝土有一定的损伤，但是损伤不大，对混凝土的抗压强度影响较小，说明疲劳循环加载对此类试件承载力基本上没有影响，这两个试件破坏模式均为混凝土压碎破坏，界面粘砂效果较好。综合上述分析认为，界面粘接效果是影响组合板试件承载力的主要因素，而疲劳循环加载对 GFRP-混凝土组合板的承载力影响较小。

5.6　本章小结

本章共完成了 4 块 GFRP-混凝土组合板试件的疲劳试验，其中 3 块组合板试件在 200 万次疲劳循环加载后通过静载破坏试验，1 块组合板试件由于试件本身存在人为损伤破坏缺陷，加以此试件在疲劳循环加载时的疲劳上限和疲劳荷载幅均比其他 3 块试件大，在疲劳循环加载到 138.8 万次时发生破坏。根据本章试验结果分析，得到如下结论：

（1）本书采用的 GFRP-混凝土组合板试件，在疲劳循环加载中组合板刚度和强度均无明显退化现象，说明 GFRP-混凝土组合板试件具有较好的抗疲劳性能。

（2）GFRP-混凝土组合板试件在疲劳试验过程中和静载破坏试验中，混凝土与 GFRP 始终协同工作，界面间没有出现滑移，表明疲劳循环加载对组合板界面没有造成损伤。这说明本书设计的粘砂界面和湿粘接界面具有较高的粘接强度和良好的抗疲劳性能，可以考虑作为 GFRP-混凝土组合板连接界面的构造措施。

（3）在疲劳循环荷载作用下，GFRP 底板基本没有疲劳损伤，虽然混凝土有一定的疲劳损伤，但损伤较小，在混凝土强度等级较高的情况下，可以忽略混凝土疲劳损伤对混凝土抗压强度的影响。

（4）GFRP 材料抗拉强度较高，但其抗剪、抗折强度均较低，外界因素引起的 GFRP 构件初始缺陷对组合板试件抗疲劳性能有较大影响。因此，在进行 GFRP-混凝土组合板的实际工程应用时，要避免外力因素对 GFRP 构件造成破坏。

第6章　FRP-混凝土组合板的理论设计方法研究

6.1　概　　述

GFRP-混凝土组合桥面板是一种新型的桥面结构体系,能充分利用 FRP 和混凝土材料的性能优势,具有自重轻、耐腐蚀、抗疲劳、施工方便等优点,但同时具备刚度小、变形大等缺点。本章主要介绍 GFRP-混凝土组合板的刚度计算方法、抗弯和抗剪承载力计算方法及界面的设计方法,为 FRP-混凝土组合板的设计应用提供理论依据。

6.2　抗弯刚度

在现有研究中,GFRP-混凝土组合板的抗弯刚度计算方法主要有换算截面法和规范计算法。

1. 换算截面法

GFRP-混凝土组合板是由 GFRP 和混凝土两种材料组成,根据材料力学的刚度计算方法需要将这两种材料截面换算成一种材料的截面进行刚度计算,换算后的截面应力应变及中性轴位置均与原截面相同。在 GFRP-混凝土组合结构中,一般是将混凝土板截面换算成 FRP 材料截面,截面换算如图 6.1 所示。

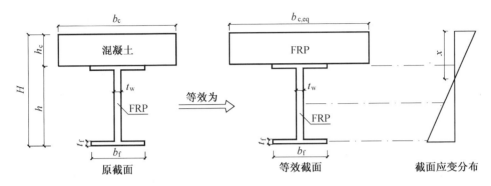

图 6.1　截面换算示意图

图 6.1 中 b_c 为混凝土板的宽度，需要将其换算成 GFRP 的等效计算宽度 $b_{c,eq}$，换算公式如下：

$$b_{c,eq} = \alpha_E b_c \tag{6.1}$$

$$\alpha_E = \frac{E_c}{E_f} \tag{6.2}$$

式中，E_c 和 E_f 分别为混凝土与 FRP 构件的弹性模量。需要注意的是，采用换算截面法计算出来的刚度，没有考虑界面滑移对刚度的影响。

2. 规范计算法

根据我国《纤维增强复合材料工程应用技术标准》（GB 50608 — 2020）规定，FRP-混凝土组合板抗弯短期刚度 EI 按下式计算：

$$\overline{EI} = E_c b_c h_c x_c^1 + E_{f1} b_{f1} h_{f1} x_{f1}^2 + E_{f2} b_{f2} h_{f2} x_{f2}^2 \tag{6.3}$$

$$x_0 = \frac{E_c b_c h_c x_{c0} + E_{f1} b_{f1} h_{f1} x_{f10} + E_{f2} b_{f2} h_{f2} x_{f20}}{E_c b_c h_c + E_{f1} b_{f1} h_{f1} + E_{f2} b_{f2} h_{f2}} \tag{6.4}$$

式中　x_0——组合板截面形心至板顶面的距离；

x_c——混凝土翼板截面形心轴至组合板截面形心轴的距离；

x_{c0}——混凝土翼板截面形心轴至组合板顶面的距离；

x_{f1}、x_{f2}——FRP 构件的顶板和底板截面形心轴至组合板截面形心轴的距离；

x_{f10}、x_{f20}——FRP 构件的顶板和底板截面形心轴至组合板顶面的距离。

利用式（6.3）进行组合板的刚度计算时，没有考虑 FRP 构件腹板的抗弯刚度贡献，这种方法计算比较简单，计算结果与试验结果较为接近。另外，在采用此法进行短期刚度计算时，不考虑混凝土和 FRP 材料徐变的影响；进行长期刚度计算时，要考虑两种材料徐变的影响，应按照规范要求乘以相应的折减系数。

3. 试验中试件抗弯刚度的理论值

在对本书所采用的试件进行的试验中，GFRP 和混凝土共同工作，界面间没有滑移出现，因此可以应用上面两种方法来进行试件刚度的理论计算。本书采用规范计算法得到的各试件抗弯刚度理论值见表 6.1。

表 6.1 GFRP-混凝土组合板试件的刚度理论值

| 类　　别 | FCCD-1 | FCCD-2 | FCCD-3 | FCCD-4 | FCCD-5 |
	FCCD-6	FCCD-7	FCCD-8	FCCD-9	FCCD-10
刚度计算值/(N·mm²)	8.43×10^{12}	11.7×10^{12}	18.6×10^{12}	11.4×10^{12}	11.9×10^{12}

6.3 挠 度 计 算

相比传统钢筋混凝土结构或钢-混凝土组合结构而言，GFRP-混凝土组合结构刚度小、受力后变形大。因此，在进行 GFRP-混凝土组合板设计时应以挠度作为控制因素，以满足正常使用极限状态下的规定要求。在进行 GFRP-混凝土组合板的挠度计算时，应做如下假定：

（1）混凝土和 FRP 界面连接可靠，不考虑滑移的影响。

（2）截面应变符合平截面假定。

本书根据结构力学的计算方法，对于跨中两点对称集中加载的组合板，跨中和加载点的挠度按下式（6.5）和式（6.6）求出。

跨中位移：

$$\delta_{\mathrm{m}} = \frac{P}{48\mathrm{EI}} a(3l^2 - 4a^2) \tag{6.5}$$

加载点位移：

$$\delta_{\mathrm{a}} = \frac{P}{12\mathrm{EI}} a^2(3l - 4a) \tag{6.6}$$

式中　P 为两个集中荷载之和（本书中为计算机加载值）；EI 为组合板的抗弯刚度；a 为加载点距支座距离；l 为组合板的跨度。

根据式（6.5）和式（6.6），对前文试验中各试件进行挠度的理论值和试验值对比。选取加载过程中的荷载（约为极限荷载的 1/3，具体根据试验中的数值采用）和极限荷载 Pu，计算出各试件的理论位移，并与试验中测得的位移进行比较，见表 6.2 和表 6.3。从表中对比结果可以看出，试件的试验实测挠度和理论计算得到的挠度吻合较好，误差基本上在 10%左右。因理论计算刚度时没有考虑滑移影响，而实际试件在加载过程中也没有滑移出现，所以理论挠度和实测挠度吻合较好。

表 6.2　粘砂连接界面试件的理论计算挠度与试验实测挠度比较

试件类别		荷载/kN	抗弯刚度/(N·mm²)	试验实测挠度/mm	理论计算挠度/mm	试验值与理论值误差
FCCD-1	跨中	176	8.43×10^{12}	13.38	14.70	-9.9%
		563(Pu)		44.16	47.03	-6.5%
	加载点	176		12.19	12.89	-5.7%
		563(Pu)		39.72	41.22	-3.8%
FCCD-2	跨中	220	11.7×10^{12}	13.52	13.24	2.1%
		691(Pu)		44.65	41.59	6.9%
	加载点	220		12.14	11.61	4.4%
		691(Pu)		40.35	36.45	9.67%
FCCD-3	跨中	245	18.6×10^{12}	9.60	9.27	8.3%
		720(Pu)		28.46	27.26	4.2%
	加载点	245		8.69	8.13	6.4%
		720(Pu)		26.19	23.89	8.8%
FCCD-4	跨中	231	11.4×10^{12}	13.93	14.27	-2.4%
		670(Pu)		41.57	41.38	0.45%
	加载点	231		12.47	12.51	-0.3%
		670(Pu)		36.83	36.27	1.5%
FCCD-5	跨中	235	11.9×10^{12}	13.48	13.91	-3.2%
		721(Pu)		42.13	42.66	-1.3%
	加载点	235		11.72	12.19	-4.0%
		721(Pu)		37.29	37.39	-0.3%

表 6.3　湿粘接界面试件的理论计算挠度与试验实测挠度比较

试件类别		荷载/kN	抗弯刚度/(N·mm²)	试验实测挠度/mm	理论计算挠度/mm	试验值与理论值误差
FCCD-6	跨中	212	8.43×10^{12}	17.15	17.71	−3.3%
		546(Pu)		44.47	45.61	−2.6%
	加载点	212		15.62	15.52	0.64%
		546(Pu)		40.75	39.97	1.9%
FCCD-7	跨中	276	11.7×10^{12}	18.04	16.61	7.9%
		752(Pu)		49.68	45.26	8.9%
	加载点	276		16.12	14.56	9.8%
		752(Pu)		44.33	39.67	9.4%
FCCD-8	跨中	134	18.6×10^{12}	5.56	5.07	8.8%
		429(Pu)		17.62	16.24	7.8%
	加载点	134		5.01	4.45	11.2%
		429(Pu)		15.86	14.24	10.2%
FCCD-9	跨中	215	11.4×10^{12}	14.66	13.28	9.4%
		662(Pu)		45.29	40.89	9.7%
	加载点	215		13.15	11.64	11.5%
		662(Pu)		40.48	36.84	8.9%
FCCD-10	跨中	249	11.9×10^{12}	14.35	14.73	−2.6%
		776(Pu)		48.99	45.92	6.3%
	加载点	249		13.53	12.91	4.6%
		776(Pu)		42.06	40.25	4.3%

6.4　抗剪刚度

在进行 FRP-混凝土组合板设计时，认为截面剪力主要由 FRP 构件腹板来承担，不考虑混凝土和 FRP 翼板抗剪的贡献，则抗剪刚度 D_s 为

$$D_s = G_F A_W \tag{6.7}$$

式中　G_F 为 FRP 的剪切模量；A_W 为 FRP 腹板的横截面面积。

由式（6.7）求出的抗剪刚度偏于安全。

6.5　FRP-混凝土组合板承载力计算

在现有研究中，FRP-混凝土组合板的破坏模式主要有四种：混凝土板压碎破坏、界面剥离破坏、FRP 腹板剪切破坏和失稳破坏。其中，混凝土板压碎破坏和 FRP 腹板剪切破坏都属于强度破坏，在进行设计时可通过强度计算来确定抗弯抗剪承载能力；而界面连接在组合板设计中是非常重要的环节，界面连接的可靠程度直接影响组合板的受力性能；当组合结构截面的高宽比较大时会发生失稳破坏，在进行截面设计时可通过构造方法来避免失稳破坏，通常组合板是不会发生失稳破坏的。

6.5.1　FRP-混凝土组合板受弯承载力计算

在 FRP-混凝土组合板中，FRP 材料为线弹性，破坏是突然发生的，延性差；而混凝土压碎破坏时混凝土的延性却相对较好。因此，以组合板控制截面的顶部混凝土达到极限压应变且 FRP 尚未破坏时的截面弯矩为组合板能承担的最大弯矩（极限弯矩 M_u）。在进行 FRP-混凝土组合板抗弯承载力计算时，采取如下假定：

（1）FRP 和混凝土的界面可靠连接，界面间没有滑移，忽略滑移影响。

（2）截面符合平截面假定。

（3）不考虑混凝土抗拉强度和 FRP 腹板对抗弯承载力的影响。

（4）混凝土板放置的 FRP 筋仅起构造作用，对组合板受力没有影响。

（5）混凝土应力按等效矩形应力分布简化计算。

（6）FRP 构件顶板和底板的应变沿其高度均匀分布。

因此，在进行 FRP-混凝土组合板的抗弯承载力计算时，通常根据中性轴的位置不同分两种情况考虑，组合板的计算简图如图 6.2 所示。

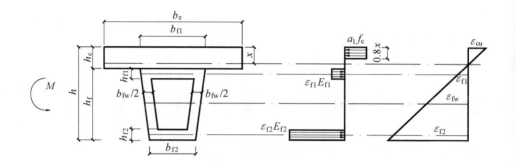

（a）中性轴在混凝土板内（$x<h_c$）

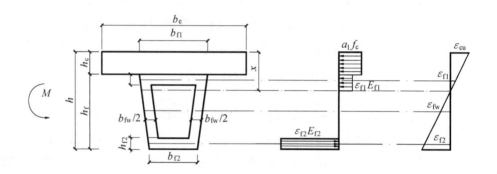

（b）中性轴在 FRP 构件内（$x \geqslant h_c$）

图 6.2　FRP-混凝土组合板正截面受弯承载力计算简图

（1）当中性轴在混凝土板内（$x<h_c$），根据图 6.2（a）应按如下步骤进行计算：由平衡条件 $\sum N = 0$，可得

$$0.8 f_c b_e x = E_{f1} \varepsilon_{f1} b_{f1} h_{f1} + E_{f2} \varepsilon_{f2} b_{f2} h_{f2} \tag{6.8}$$

$$\varepsilon_{f1} = \left(\frac{0.8h_c}{x} + \frac{0.4h_{f1}}{x} - 1 \right) \varepsilon_{cu}, \quad \varepsilon_{f2} = \left(\frac{0.8h}{x} - \frac{0.4h_{f2}}{x} - 1 \right) \varepsilon_{cu} \tag{6.9}$$

由平衡条件 $\sum M = 0$，得到组合板的极限承载力 M_u：

$$M_{u} \leqslant 0.8 f_{c} b_{e} x \left(h_{c} - \frac{x}{2} \right) + E_{f1} \varepsilon_{f1} b_{f1} \frac{h_{f1}^{2}}{2} + E_{f2} \varepsilon_{f2} b_{f2} h_{f2} \left(h_{f} - \frac{h_{f2}}{2} \right) \quad (6.10)$$

（2）当中性轴在 FRP 板内时（$x \geqslant h_{c}$），应按如下步骤进行计算。

由平衡条件 $\sum N = 0$，可得

$$0.8 f_{c} b_{e} x + E_{f1} \varepsilon_{f1} b_{f1} h_{f1} = E_{f2} \varepsilon_{f2} b_{f2} h_{f2} \quad (6.11)$$

由平衡条件 $\sum M = 0$，得到组合板的极限承载力 M_{u}：

$$M_{u} \leqslant 0.8 f_{c} b_{e} \frac{h_{c}^{2}}{2} + E_{f1} \varepsilon_{f1} b_{f1} \frac{h_{f1}^{2}}{2} + E_{f2} \varepsilon_{f2} b_{f2} h_{f2} \left(h_{f} - \frac{h_{f2}}{2} \right) \quad (6.12)$$

式中　f_{c} 为混凝土抗压强度设计值；E_{f1}、E_{f2} 分别为 FRP 上、下翼板的弹性模量；ε_{cu} 为混凝土极限压应变，一般取 $\varepsilon_{cu}=0.003\,3$。

6.5.2　FRP-混凝土组合板抗剪承载力计算

我国《纤维增强复合材料工程应用技术标准》（GB 50608—2020）规定，在进行 FRP-混凝土组合板的抗剪计算时，认为组合板的剪力全部由 FRP 腹板承担，不考虑 FRP 底板和顶板及混凝土翼板对组合板抗剪的贡献。因此，组合板截面的极限抗剪承载力 V_{u} 为

$$V \leqslant V_{u} = b_{fw} (h_{f} - h_{f1} - h_{f2}) G_{sw} \gamma_{fd,sw} \quad (6.13)$$

式中　V 为组合板的剪力设计值；b_{fw} 为 FRP 腹板的总宽度；G_{sw}、γ_{fsw} 分别为 FRP 腹板沿长度和宽度方向的表观平均剪切模量和剪切应变；$\gamma_{fd,sw}$ 为 FRP 腹板极限剪切应变设计值，一般不应超过 0.005。

根据式（6.13），将本书第 4 章静载试验中部分试件的理论极限抗剪承载力 V_{u} 分别计算出来，并与试验中各试件实际受到的剪力进行对比，将对比结果列于表 6.4 中。从表 6.4 中可以看出，在试验加载过程中至破坏时试件受到的最大剪力远远小于其极限抗剪承载力，试验现象也表明所有试件的破坏均没发生腹板的剪切破坏，说明本试验中 GFRP 构件的腹板抗剪能力较强。

表 6.4　组合板极限抗剪承载力理论计算值与试验值对比

试件类别	试件理论极限抗剪计算值 V_u/kN	试件实际承受剪力值 V/kN
FCCD-1	1 291	281.5
FCCD-2	1 291	345.5
FCCD-3	1 291	360
FCCD-4	1 291	335
FCCD-5	1 291	360.5

6.6　GFRP-混凝土组合板的界面设计

FRP 与混凝土之间界面的可靠连接是保证组合板正常工作的基础，因此，界面设计是组合板设计中非常重要的一个环节。界面设计方法通常根据是否考虑滑移分为弹性设计方法和塑性设计方法。

目前通常采用弹性方法进行 FRP 与混凝土的界面设计。当界面间没有滑移或滑移很小可以忽略时，应按弹性方法进行界面设计。在采用弹性方法进行界面设计时，首先采用换算截面法将混凝土换算为 FRP 材料，由剪应力互等原理，可得界面剪应力 τ 计算公式为

$$\tau = \frac{VS_{eq}}{I_{eq}b} \tag{6.14}$$

式中　S_{eq}、I_{eq} 分别为换算截面对组合板弹性中性轴的面积矩和惯性矩；b 为组合板交界面的宽度。

当 FRP-混凝土组合板的界面采用胶结法、FRP 剪力键法时，可以忽略界面滑移的影响。因此，采用胶结法、FRP 剪力键法的界面应按弹性方法进行设计。

1. 胶结法界面

胶结法界面通常采用涂刷环氧树脂将混凝土与 FRP 构件粘接起来形成一个整体，通过黏结剂来进行剪力传递，因此采用胶结法组合板界面受到的剪应力应满足：

$$\tau \leqslant \tau_e^u \tag{6.15}$$

式中　τ_e^u 为黏结剂的抗剪粘接强度，一般为 1.5～3.0 MPa，本书采用的 Sikardur 31CFN 环氧黏结剂的抗剪粘接强度为 4.0 MPa，粘接强度高。

2. FRP 剪力键法

组合板界面采用粘接 FRP 剪力键连接时，首先根据构件的受剪情况划分剪力区段，然后分别计算各区段所需剪力键数量，将剪力键在各区段内均匀布置。剪力区段应以剪力零点与剪力突变点为界限划分，剪力区段划分示意如图 6.3 所示。

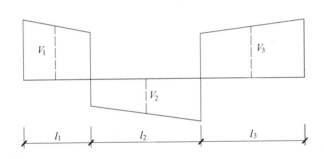

图 6.3　组合板的剪力区段划分示意图

各剪力区段所需的剪力键数量应满足：

$$n \geqslant \max\left(\frac{E_{f1}\varepsilon_{f1}b_{f1}h_{f1} + E_{f2}\varepsilon_{f2}b_{f2}h_{f2}}{k_v b_{f1} b_s f_v}, \ \frac{\alpha_1 f_c b_e h_c}{k_v b_{f1} b_s f_v}, \ \frac{V}{k_v b_{f1} b_s f_v} \right) \tag{6.16}$$

式中　V——剪力区段内最大剪力设计值；

　　　b_s——剪力键与 FRP 构件粘接的宽度；

　　　k_v——剪力键粘接连接影响系数，湿法粘接时取 0.9，干法粘接时取 0.7；

　　　f_v——剪力键与 FRP 构件粘接连接界面的抗剪强度设计值；

　　　ε_{f1}、ε_{f2}——剪力计算区段内弯矩最大截面的 FRP 构件顶板和底板 1/2 高度处的正应变。

6.7 GFRP-混凝土组合桥面板的设计思路

在进行 GFRP-混凝土组合桥面板设计时,首先要根据设计要求确定组合板的设计目标、设计荷载和设计准则;其次进行组合板的初步设计;最后确定最终的设计方案。

1. 设计要求

设计要求包括设计目标、设计荷载和设计准则三方面。设计目标是指确定组合板的类型:单跨、多跨、简支、连续等。本书设计采用的 GFRP-混凝土组合桥面板为单跨简支板。设计荷载是根据应用组合桥面板的公路级别确定,按《公路桥涵通用设计规范》(JTG D60—2015)规定要求对桥面板的设计荷载进行分析。设计准则包括正常极限状态和承载能力极限状态两种。在进行 GFRP-混凝土组合桥面板设计时,通常采用正常使用极限状态来进行设计分析。

2. 初步设计

因 FRP-混凝土组合桥面板的截面形式可设计性强,可根据变换参数进行多方案设计,然后根据方案比较和优化设计选取合理的截面形式,确定截面形式的几何参数和材料参数,再进行 FRP 和混凝土间的界面设计。本书采用的 GFRP-混凝土组合板底板为 GFRP 箱型构件,截面采用箱型可以使组合板获得较大的刚度。GFRP 和混凝土的界面设计采取粘砂连接和环氧树脂湿粘接两种方式,另 GFRP 腹板突出的肋包裹在混凝土内与混凝土咬合在一起,也起到机械咬合的连接作用。

3. 确定最终设计方案

将上述设计的 FRP-混凝土组合板进行理论计算分析,验算其抗弯抗剪承载力和抵抗变形的能力,根据计算结果确定最终的设计方案。

组合板的最终设计方案确定之后,因目前 GFRP-混凝土组合板在实际公路桥梁工程中应用较少,因此在应用前,应按比例制作试件并对其性能进行试验验证。

6.8 本章小结

本章在参考规范和国内外相关研究的情况下,对 FRP-混凝土组合桥面板的理论设计进行了较为具体的研究，给出了 GFRP-混凝土组合板的刚度计算方法、抗弯和抗剪承载力计算方法，并与组合板的试验结果结合进行对比分析，给出了 GFRP-混凝土组合板连接界面的设计方法，提出了 FRP-混凝土组合板的设计思路，为 FRP-混凝土组合桥面板的设计提供参考和依据。

第7章 结论与展望

7.1 结 论

本书在前期开展的 GFRP-混凝土组合板研究基础上，对组合板的界面进行重新设计，并制作了 27 个 GFRP-混凝土组合板界面连接试件进行双剪推出试验，根据推出试验结果选取粘砂连接和湿粘接界面，制作 10 块 GFRP-混凝土组合板试件进行静力性能试验研究，以及制作 4 块 GFRP-混凝土组合板试件进行疲劳性能试验研究。根据本书的试验研究结果与理论分析，得到如下结论：

（1）界面的可靠连接是保证组合板正常工作的基础。GFRP-混凝土组合板界面抗剪试验显示，在确保施工质量的前提下，界面粗糙程度、粘接胶的粘接能力、剪力键的布置方式是影响界面粘接强度的主要因素，混凝土强度等级的提高也能提高界面粘接强度，但相比以上因素而言，混凝土强度等级为次要因素。

（2）GFRP-混凝土组合板界面抗剪试验结果显示，本书设计的 4 种连接界面均具有较高的粘接强度，在 GFRP-混凝土组合板静力试验与疲劳试验中，混凝土与GFRP 构件始终协同工作、充分发挥各自材料特性，在试件破坏前，GFRP-混凝土组合板整体工作性能较好，界面间没有滑移出现，进一步验证本书设计的组合板界面粘接强度高。因此，可以考虑将本书设计的界面作为 GFRP-混凝土组合板的界面构造措施。

（3）GFRP-混凝土组合板静载试验结果显示，本书设计的 GFRP-混凝土组合板具有较高的承载能力和良好的变形恢复能力。虽然 GFRP-混凝土组合板的破坏为脆性破坏，但是在破坏前组合板的变形较大，远大于《公路钢筋混凝土及预应力混凝土桥涵设计规范》（JTG 3362—2018）规定的 $l/600$。因此，在进行 GFRP-混凝土组合板设计时应按正常使用极限状态考虑，以变形为控制因素，使 GFRP-混凝土组合板具有较高的强度安全储备。

（4）本书设计的 GFRP-混凝土组合板具有较好的抗疲劳性能，在疲劳循环加载中组合板刚度和强度均无明显退化现象。GFRP-混凝土组合板疲劳试验显示，在疲劳循环加载中 GFRP 材料基本没有疲劳损伤，混凝土的损伤也比较小，可以忽略混凝土损伤对 GFRP-混凝土组合板承载力的影响。

（5）GFRP-混凝土组合板界面抗剪试验、GFRP-混凝土组合板静载试验及疲劳试验都显示，组合板界面连接性能是影响组合板承载力和刚度的主要因素。GFRP-混凝土组合板的破坏大多数受界面性能控制，导致高强混凝土、较大混凝土板厚，以及 FRP 材料可能不能被充分利用。因此，在进行组合板设计时，界面设计是非常重要的关键环节。

（6）从有限元数值模拟结果和试验结果的对比可以看出，ABAQUS 有限元软件能较好地模拟 GFRP-混凝土组合板的受力情况。在今后的工作中，可以通过有限元数值计算进行组合板的设计优化，使混凝土和 GFRP 材料达到理想的受力状态，为组合板的实际应用提供技术保障。

（7）为进一步推广 FRP-混凝土组合板的实际工程应用，本书对 FRP-混凝土组合板的理论设计方法进行了具体研究，给出了组合板的刚度计算方法、抗弯和抗剪承载力计算方法及界面的设计方法，为 FRP-混凝土组合板的设计应用提供理论依据。

7.2 展　　望

FRP-混凝土组合桥面板是一种新型的桥面结构体系，具有耐腐蚀、抗疲劳等优势，在桥梁工程中具有广阔的应用前景。虽然本书对设计的 GFRP-混凝土组合板的界面抗剪及其结构受力性能进行了试验研究与理论分析，获得了一些有益的成果，但本书的研究成果尚不能完全作为组合板设计及工程应用的依据，还需对其进行更加深入的研究：

（1）考虑经济因素和时间因素，本书中进行疲劳试验的试件数量较少，仅通过改变荷载幅对特定试件进行了等幅高频疲劳试验，不能反映桥面结构实际受力情况，在今后的工作中，需调研收集实桥荷载幅，模拟结构真实受力状态进行疲劳试验，采用先进仪器测试疲劳加载过程中试件的挠度变化情况，进一步研究组合板结构的典型破坏形态和疲劳破坏机理。

（2）从本书研究成果可以看出，组合板界面的可靠连接是影响组合板受力性能的关键因素，对于组合板界面的耐久性问题还需要进一步深入研究，以完善界面设计构造措施。

（3）采用实桥调查、理论分析、模型试验及有限元分析相结合的方式，对采用GFRP-混凝土组合板的梁桥在车辆冲击作用下的动力响应进行系统研究，提出适合FRP-混凝土组合桥面系统的动力系数，评估动力挠度和加速度对桥梁使用者舒适度的影响。

参 考 文 献

[1] 洪乃丰. 钢筋混凝土基础设施腐蚀与耐久性[M]. 北京: 中国建筑工业出版社, 2003.

[2] 邸小坛, 高小旺, 徐有邻. 我国混凝土建筑结构的耐久性与安全性问题[M]. 北京: 中国建筑工业出版社, 2003.

[3] 冯正霖. 我国桥梁技术发展战略的思考[J]. 中国公路, 2015(11): 38-41.

[4] ACI Committee 440. State-of-the-art report on Fiber Reinforced Plastic (FRP) reinforcement for concrete structure: ACI 440R-96[S]. American Concrete Institute, 1996: 1-68.

[5] ACI Committee 440. Guide for the design and construction of concrete reinforced with FRP bars: ACI440. 1R-03[S]. American Concrete Institute, 2003: 1-42.

[6] ACI Committee 440. Prestressing concrete structrures with FRP tendons: ACI 440. 4R-04[S]. American Concrete Institute 440, 2004: 1-35.

[7] 中国工程建设标准化协会. 碳纤维片材加固混凝土结构技术规程: CECS 146—2003[S]. 北京: 中国计划出版社, 2003.

[8] 中华人民共和国建设部. 纤维增强复合材料建设工程应用技术规程: GB 50608—2010[S]. 北京: 中国建筑工业出版社, 2010.

[9] SOTIROPOULOS S N. Performance of FRP components and connections for bridge deck systems [M]. Morgantown: West Virginia University, 1995.

[10] LEE J, HOLLAWAY L, THORNE A, et al. The structural characteristic of a polymer composite cellular box beam in bending[J]. Construction and building materials, 1995, 9(6): 333-340.

[11] AREF A J, PARSONS I D. Design and analysis procedures for a novel fiber reinforced plastic bridge deck[C]//El-Badry M M. 2nd International Conference on

Quebec. Canada: CSCE, 1996, 743-750.

[12] ZHAO L. Characterization of deck-to-girder connections in FRP composite superstructures[D]. San Diego: University of California, 1999.

[13] BURGUENO R. System characterization and design of modular fiber-reinforced polymer (FRP) short- and medium-span bridges[D]. San Diego: University of California, 1999.

[14] AREF A J, PARSONS I D. Design and performance of a modula fiber reinforced plastic bridge[J]. Composites Part b: Engineering, 2000, 31: 619-628.

[15] BROWN R T, ZUREICK A H. Lightweight composite truss section decking[J]. Marine structures, 2001, 14(1): 115-132.

[16] TEMELES A B. Field and laboratory tests of a proposed bridge deck panel fabricated from pultruded fiber-reinforced polymer components[D]. Blacksburg: Virginia Polytechnic Institute and State University, 2001.

[17] 冯鹏, 叶列平. GFRP 空心板静载试验研究及分析[J]. 工业建筑, 2004, 34(4): 15-18+27.

[18] HOLLAWAY L C. The evolution of the way forward for advanced polymer composites in the civil infrastructure[J]. Construction and Building Materials, 2003, 17(6): 365-378.

[19] 万水, 胡红, 周荣星. 复合材料桥面板的应用和研究进展[J]. 公路交通科技, 2004(8): 59-63.

[20] CHENG L, KARBHARI V M. Fatigue behavior of a steel-free FRP-concrete modular bridge deck system[J]. Journal of Bridge Engineering, 2006, 11(4): 474-488.

[21] ZHOU A X. Stiffness and strength of fiber reinforced polymer composite bridge deck systems[D]. Blacksburg: Virginia Polytechnic Institute and State University, 2002.

[22] KITANE Y, AREF A J, LEE G C. Static and fatigue testing of hybrid fiber-reinforced-polymer-concrete bridge superstructure[J]. Journal of Composites for Construction, 2004, 8(2): 182-190.

[23] KELLER T, GURTLER H. Quasi-static and fatigue performance of a cellular FRP bridge deck adhesively bonded to steel girders[J]. Composite Structures, 2005, 70(4): 484-496.

[24] 邓宗才, 李建辉. 新型 FRP-混凝土组合桥面板的初步设计[J]. 玻璃钢/复合材料, 2007(6): 40-42.

[25] DUTTA P K, LOPEZ A R, KWON S C, et al. Fatigue evaluation of multiple fiber-reinforced polymer bridge deck systems over existing girders phase II report[R]. Engineer Research and Development Center Hanover NH Cold Regions Research and Engineer Lab, 2003.

[26] SONEJO J, HU C, CHAUDHRI M, et al. Use of glass-fiber-reinforced composite panels to replace the superstructure for bridge 351 on N387A over muddy run[C]. Polymer Composites II: Composites Applications in Infrastructure Renewal and Economic Development , 2001: 3-20.

[27] MOSALLAM A, HAROUN M, KREINER J, et al. Structural evaluation of all-composite deck for schuyler heim bridge[C]. Proceedings of the 47th International Sampe Symposium and Exhibition, 2002(47): 2667-2679.

[28] 冯鹏. 新型 FRP 空心桥面板的设计开发与受力性能研究[D]. 北京：清华大学, 2004.

[29] 张家杰. 国内外碳纤维发展趋势[J]. 化工技术经济，2005, 23(4): 12-19.

[30] 汪家铭. 碳纤维产业发展现状与市场前景[J]. 化工文摘，2009(3): 17-20.

[31] 高秀丽，职秀娟. 碳纤维应用及其展望[J]. 纺织服装科技，2011, 32(1): 20-23.

[32] 叶列平，冯鹏. FRP 在工程结构中的应用与发展[J]. 土木工程学报，2006, 39(3): 24-36.

[33] 中国工程建设标准化协会. 碳纤维片材加固混凝土结构技术规程: CECS 146: 2003[S]. 北京: 中国计划出版社，2003.

[34] 沈观林. 复合材料力学[M]. 北京: 清华大学出版社，1996.

[35] 邹祖讳. 复合材料的结构与性能[M]// 材料科学与技术丛书(第13卷). 北京: 科学出版社，1999.

[36] DEMERS C E. Fatigue strength degradation of E-glass FRP composites and carbon FRP composites[J]. Construction and Building Materials, 1998, 12(5): 311-318.

[37] 张澎曾，殷宁骏，杨梦蛟. 混凝土旧桥的评估与加固[J]. 铁道建筑，1994, (11): 9-13.

[38] 杨文源，徐犇. 桥梁维修与加固[M]. 北京：人民交通出版社，1994.

[39] 堪润水，胡钊芳，帅长斌. 公路旧桥加固技术与实例[M]. 北京：人民交通出版社，2002.

[40] 赵彤，谢剑. 碳纤维布补强加固混凝土结构新技术[M]. 天津：天津大学出版社，2001.

[41] 匡志平，王皓波，赵强. 碳纤维加固桥梁结构技术的应用[J]. 同济大学学报，2001, 29(8): 986-989.

[42] MEIER U, STOECKLIN I, TERRASI G P. Making better use of the strength of advanced material in structural engineering[C]//FRP Composites in Civil Engineering. Proceedings of the International Conference on FRP composites in Civil Engineering. Hong Kong: Elsevier Science Ltd, 2001: 41-48.

[43] ERKI M A, RIZKALLA S H. FRP reinforcement for concrete structures[J]. Concrete International -Detroit, 1993, 15: 48-48.

[44] The Japan building disaster prevention assosiation. Seismic retrofit design and construction guidelines for existing reinforced concrete buildings and steel encased reinforced concrete buildings using continuous fiber reinforced materials[S]. Japan, 1999.

[45] BAKIS C E, GANJEHEHLOU A, KACHLAKEV D I, et al. Guide for the design and construction of externally bonded FRP systems for strengthening concrete structures[R]. ACI 400. 2R-02. ACI Committee 440, 2002.

[46] TRIANTAFILLOU T, MATTHYS S, AUDENAERT K, et al. Externally bonded FRP reinforcement for RC structures[J]. Fib Bulletin, 2001, (14): 125-131.

[47] ISIS Canada. Strengthening reinforcement concrete structures with externally-bonded fiber reinforced polymers[S]. Design Manual No. 4, 2003.

[48] 金初阳，柯敏勇，王宏. 碳纤维布在韩庄闸公路桥 T 梁加固中的应用[C]. 昆明：中国公路学会 2001 年全国公路桥梁维修与加固技术研讨会论文集，2001: 83-90.

[49] 柯敏勇，金初阳，洪晓林. 碳纤维增强塑料（CFRP）在桥梁加固工程中的应用[C]. 昆明：中国公路学会 2001 年全国公路桥梁维修与加固技术研讨会论文集，2001: 91-104.

[50] 安琳，吕志涛. CFRP 板加固混凝土梁桥的工程实践[C]. 北京：中国纤维增强塑料(FRP)混凝土结构学术交流会论文集，2000(6): 370-372.

[51] 叶列平. 碳纤维加固混凝土柱受剪承载力的计算[J]. 建筑结构学报，2000, 21(2): 59-67.

[52] 赵树红，叶列平. 碳纤维布对混凝土柱抗震加固的试验分析[J]. 建筑结构，2001, 31(12): 17-19.

[53] 熊光晶，姜浩，黄冀卓. 混杂纤维布加固混凝土梁的试验研究[J]. 土木工程学报，2001, 34(4): 62-66.

[54] 邓宗才. 碳纤维布增强钢筋混凝土梁抗弯力学性能研究[J]. 中国公路学报，2001, 14(2): 45-51.

[55] 彭刚，刘立新，李险峰. 预应力碳纤维布加固钢筋混凝土梁受剪性能试验研究[J]. 河南科学，2005, 23(3): 407-410.

[56] NORRIS T, SAADTMANESH H, EHSANI M R. Shear and flexural strengthening of RC beams with carbon fiber sheets[J]. Journal of Structural Engineering, 1997, 123(7): 903-911.

[57] 邓宗才，张建军，杜修力. 纤维布抗剪加固混凝土梁的研究与发展[J]. 高科技纤维应用，2005, 30(6): 31-34.

[58] 盛光复，赵艳红，张佳超，等. GFRP 与 CFRP 加固 T 形截面 RC 外伸梁抗剪强度之比较[J]. 四川建筑科学研究，2005, 31(6): 65-68.

[59] 任迎春，盛光复. 碳纤维加固混凝土外伸梁斜截面破坏形态浅析[J]. 山东建筑工程学院学报，2004, 19(1): 17-20.

[60] TRIANTAFILLOU T C. Shear strengthening of reinforced concrete beams using epoxy bonded FRP composites[J]. ACI Structural Journal, 1998, 95(2): 107-115.

[61] 陆新征. FRP 与混凝土的界面行为研究[D]. 北京：清华大学，2004.

[62] 沙吾列提·拜开依，叶列平，杨勇新，等. 预应力 CFRP 布加固钢筋混凝土梁的施工技术[J]. 施工技术，2004, 33(6): 23-24.

[63] 曹锐. NEFMAC 加固钢筋混凝土板的试验性能研究与理论计算[D]. 北京：中冶集团建筑研究总院，2002.

[64] DE L L, NANNI A, LA T A. Strengthening of reinforced concrete structures with near surface mounted FRP rods[C]// International Meeting on Composite Materials, PLAST 2000, Proceedings, Advancing with Composites, 2000: 9-11.

[65] 张宁. 碳纤维布加固修复钢结构粘结界面受力性能试验研究[D]. 北京：中冶集团建筑研究总院，2004.

[66] 彭福明，郝际平，岳清瑞等. 碳纤维增强复合材料（CFRP）加固修复损伤钢结构[J]. 工业建筑，2003, 33(9): 7-10.

[67] 王增春，何艳丽，王溥. FRP 加固木结构的应用和研究[J]. 建筑技术开发，2004, 31(3): 15-16.

[68] 林磊. FRP 布加固砌体墙受剪性能的试验研究[D]. 北京：清华大学，2003.

[69] 王溥，姜浩，夏春红. 纤维增强复合材料加固砌体抗震性能试验研究[J]. 施工技术，2004, 33(6): 18-19.

[70] 顾履恭. 混凝土结构用纤维增强聚合物在国外的开发与应用建筑技术[J]. 建筑技术，1999, 32(5): 310-313.

[71] 郝庆多，王勃，欧进萍. 纤维增强塑料筋在土木工程中的应用[J]. 混凝土，2006, 9:38-40+44.

[72] RIZKALLA S, LABOSSIERE P. Structural engineering with FRP in Canada[J]. Concrete International, 1999, 21(10): 25-28.

[73] ELBADRY M, ELZROUG O. Control of cracking due to temperature in structural concrete reinforced with CFRP bars[J]. Composite Structures, 2004, 64(1): 37-45.

[74] 徐新生，王悦. 碳纤维筋混凝土结构设计及施工技术探讨[J]. 山东建材学院学报，2000, 14(4): 323-325.

[75] ROKO K, BOOTHBY T E, BAKIS C E. Failure modes of sheet bonded fiber reinforced polymer applied to brick masonry[J]. Special Publication, 1999, 188: 305-312.

[76] 薛伟辰. 纤维塑料筋混凝土梁受力性能的试验研究[J]. 工业建筑, 1999, 29(12): 8-10.

[77] 曾宪桃, 车惠民. 复合材料 FRP 在桥梁工程中的应用及其前景[J]. 桥梁建设, 2000(2): 66-70.

[78] 高丹盈, 赵广田, BRAHIM B. 纤维聚合物筋混凝土梁正截面性能的试验研究[J]. 工业建筑, 2001, 31(9): 41-44.

[79] 高丹盈. 纤维聚合物筋混凝土的粘结机理及锚固长度的计算方法[J]. 水利学报, 2000, 11: 71-77.

[80] 张新越. FRP 筋及其混凝土构件的力学性能与感知性能[D]. 哈尔滨: 哈尔滨工业大学, 2002.

[81] 徐新生. FRP 筋力学性能及其混凝土梁受弯性能研究[D]. 天津: 天津大学, 2007.

[82] 王鹏, 张长青, 陈彦华, 等. CFRP 筋（碳纤维筋）产品及其工程应用探析[J]. 公路交通科技, 2011, 12(6): 62-66.

[83] DOLAN C W. FRP prestressing in the USA[J]. Concrete International, 1999, 21(10): 21-24.

[84] 许贤敏. 碳纤维增强塑料筋束预应力混凝土桥[J]. 国外公里, 1996, 8(4): 37-39.

[85] CHRISTOFFERSEN J, HAUGE L. Use of non-corrodible reinforcement in concrete bridges[C]. Singapore: Current and Future Trends in Bridge Design, Construction and Maintenance, 1999.

[86] KELLER T. Fibre reinforced polymer materials in building construction[C]//IABSE International Association for Bridge and Structural Engineering, Australia: Symposium Report, 2002, 86(20): 73-78.

[87] HOLLAWAY L C. The evolution of and the way forward for advanced polymer composites in the civil infrastructure[J]. Construction and Building Materials, 2003, 17(6): 365-378.

[88] HALLIWELL S. In-service performance of glass reinforced plastic composites in buildings[J]. Proceedings of the Institution of Civil Engineers-Structures and Buildings, 2004, 157(1): 99-104.

[89] JOHANSON G E, WILSON R J, ROLL F, et al.   Design and construction of FRP pedestrian bridges: reopening the point bonita lighthouse trail[J]. Marketing Technical Regulatory Sessions of the Composites Institutes International Composites Expo., 1997: 3-F.

[90] SEDLACEK G, TRUMPF H.   Innovative developments for bridges using FRP composites[D]. Woodhead Publishing Ltd., Cambridge, 2007.

[91] 李跃, 沈庆, 韦忠暄. 复合材料网架实心舟载重门桥受撞击动力计算[J]. 解放军理工大学学报（自然科学版）, 2002, 3(2): 55-58.

[92] 冯鹏, 叶列平. FRP 结构和 FRP 组合结构在结构工程中的应用与发展[C] //第二届全国土木工程用纤维增强复合材料（FRP）应用技术学术交流会论文集. 北京: 清华大学出版社, 2002.

[93] SOBRINO J A, PULIDO M D G. A new glass-fibre-reinforced arch bridge in spain[C]//International Association for Bridge and Structural Engineering. IABSE Symposium Report. 2002, 86(7): 31-37.

[94] 冯鹏, 叶列平. 纤维增强复合材料桥面板的应用与研究[J]. 工业建筑（增刊）, 2004: 290-301.

[95] 冯鹏, 叶列平. FRP 夹芯桥面板及新型 FRP 组合桥面板[C]. 北京: 桥梁学术会议, 2002.

[96] HENRY J A. Deck girder systems for highway bridges using fiber reinforced plastics[D]. Raleigh, USA: North Carolina State University, 1985.

[97] PLECNIK J, AZAR W, KABBARA B. Composite applications in highway bridges[C]//In: Suprenant B A. Proc. The First Materials Engineering Congress: Serviceability and Durability of Construction Material.   New York: ASCE, 1990: 986-995.

[98] MC G K K, BARTON F W, MC K W T. Optimum design of composite bridge deck panels[C]// Iyer S L, Sen R. Proc. the Specialty Conference: Advanced Composite Materials in Civil Engineering Structures. Las Vegas, Nevada, USA: ASCE, 1991: 360-370.

[99] ZHAO L. Characterization of deck-to-girder connections in FRP composite superstructures[D]. San Diego: University of California, 1999.

[100] AREF A J, PARSONS I D. Design and performance of a modular fiber reinforced plastic bridge[J]. Composites Part B: Engineering, 2000, 31: 619-628.

[101] SALIM H A, DAVALOS J F, QIAO P, et al. Analysis and design of fiber reinforced plastic composite deck-and-stringer bridges[J]. Composite Structures, 1997, 38 (1-4): 295-307.

[102] BROWN B J. Design analysis of single-span advanced composite deck-and-stringer bridge systems[D]. Morgantown: West Virginia University, 1998.

[103] QIAO P, DAVALOS J F, BROWN B. A systematic analysis and design approach for single-span FRP deck/stringer bridges[J]. Composites Part B: Engineering, 2000, 31: 593-609.

[104] WILLIAMS B, RIZKALLA S, SHEHATA E, et al. Development of modular GFRP bridge decks[C]// Humar J L, Razaqpur A G. Proc. 3th International Conference on Advanced Composite Materials in Bridges and Structures (ACMBS-3). Ottawa: CSCE, 2000: 95-102.

[105] GODONU P, LIJENFELDT L, OLOFSSON T. Development and conceptual design of a pedestrian bridge using fiber reinforced composites[C]// Humar J L, Razaqpur A G. Proc. 3th International Conference on Advanced Composite Materials in Bridges and Structures (ACMBS-3). Ottawa: CSCE, 2000: 339-345.

[106] JI H S, CHUN K S, SON B J, et al. Design, fabrication, and load testing of an advanced composite materials superstructure[C]// El-Badry M M, Dunaszegi L. Proc. 4th International Conference on Advanced Composite Materials in Bridges and Structures (ACMBS-4). Calgary: CSCE, 2004.

[107] 朱坤宁，万水． GFRP 桥面铺装力学性能研究[J]. 玻璃钢/复合材料, 2011(5): 35-40.

[108] BAKERI P A, SUNDER S S. Concepts for Hybrid FRP Bridge Deck Systems[C]// Proceedings of the First Materials Engineering Congress. Denver: ASCE, 1990, 1(2): 1006-1015.

[109] DESKOVIC N. Innovative design of FRP composite members combined with concrete [D]. Boston: Dissertation of Massachusetts Institute of Technology, 1993.

[110] MERIER U, TRIANTAFILLOU T C, DESKOVIC N. Innovative design of FRP combined with concrete: short-term behavior[J]. Journal of Structural Engineering, 1995, 121(7): 1069-1078.

[111] LOPEZ-ANIDO R, DUTRA P, BOUZON J, et al. Fatigue evaluation of FRP-concrete bridge deck on steel girders at high temperature[J]. Society for the Advancement of Material and Process Engineering, Evolving and Revolutionary Technologies for the New Millenium, 1999, 44: 1666-1675.

[112] DUTTA P K, KWON S C, ANIDO R L. Fatigue performance evaluation of FRP composite bridge deck protypes under high and low temperatures[C]. Washington: Proc. of 82nd Annual Meeting of Transportation Research Board, 2003.

[113] KWON S C, DUTTA P K, KIM Y H, et al. Fatigue studies of FRP composite decks at extreme environmental conditions[J]. Key Engieering Materials, 2004, 261-263: 1301-1306.

[114] WOOD K S. Environmental exposure characterization of fiber reinforced polymer materials used in bridge deck systems[D]. Orono: MS Thesis of University of Maine, 2001.

[115] DIETSCHE J S. Characterization of FRP materials for a fiber reinforced composite bridge deck[D]. Madison: MS Thesis of University of Wisconsin-Madison, 2002.

[116] DITER D A. Experimental and analytical study of concrete bridge decks constructed with FRP stay-in-place forms and FRP grid reinforcing[D]. Madison: MS Theis of University of Wisconsin-Madison, 2002.

[117] DITER D A, DIETSCHE J S, BANK L C, et al. Concrete bridge decks constructed with FRP stay-in-place forms and FRP grid reinforcing[C]. Washington: Proc. of the 81rd Annual Transportation Research Board Meeting, 2002.

[118] HELMULLER E J, BANK L C, DIETER D A, et al. The effect of freeze-thaw on bond between FRP stay-in-place deck forms and concrete[C]. Montreal: Proc. of 2nd International Conference on Durability of Fiber Reinforced Polymer (FRP)

Composites for Construction (CDCC 2002), 2002.

[119] REISING R, SHAHROOZ B, HUNT V, et al. Performance of five-span steel bridge with fiber reinforced polymer composite deck panels[J]. Transport Research Record: Journal of the Transport Research Board, 2001(1770): 113-123.

[120] DIETER D, DIETSCHE J, BANK L, et al. Concrete bridge decks constructed with fiber reinforced polymer stay-in-place forms and grid reinforcing[J]. Transport Research Record: Journal of the Transport Research Board, 2002(1814): 219-226.

[121] KITANE Y. Development of hybrid FRP-concrete bridge superstructure system[D]. Buffalo: Dissertation of State University of New York at Buffalo, 2003.

[122] KITANE Y, AREF A J, LEE G C. Static and fatigue testing of hybrid fiber reinforced polymer-concrete bridge superstructure[J]. Journal of Composites for Construction, 2004, 8(2): 182-190.

[123] KITANE Y, AREF A J, LEE G C. Static behavior of hybrid FRP-concrete multi-cell bridge superstructure[C]//Proc. of the 2004 Structures Congress. Nashville: Tennessee, 2004: 1-8.

[124] ALNAHHAL W I. Structural characteristics and failure prediction of hybrid FRP-concrete bridge deck and superstructure systems[D]. Buffalo: State University of New York at Buffalo, 2007.

[125] ALNAHHAL W, AREF A. Structural performance of hybrid fiber reinforced polymer–concrete bridge superstructure systems[J]. Composite Structures, 2008, 84(4): 319-336.

[126] JACOBSON D A. Experimental and analytical study of fiber reinforced polymer (FRP) grid reinforced concrete bridge decking[D]. Buffalo: University of Wisconsin-Madison, 2004.

[127] CHENG L, ZHAO L, KARBHARI V M, et al. Assessment of a steel-free fiber reinforced polymer-composite modular bridge system[J]. Journal of Structural Engineering, 2005, 131(3): 498-506.

[128] SCHAUMANN E, KELLER T, VALLEE T. A new concept for a lightweight hybrid-FRP bridge deck[C]. Montreal, Canada: 7th International Conference on

Short & Medium Span Bridges, 2006.

[129] KELLER T, SCHAUMANN E, VALLEE T. Flexural behavior of a hybrid FRP and lightweight concrete sandwich bridge deck[J]. Composites Part A: Applied Science and Manufacturing, 2007, 38(3): 879-889.

[130] PARK S Y, CHO J R, CHO K, et al. Perfobond rib FRP shear connectors for the FRP-concrete composite deck system[C]. Patras, Greece: Proceedings of the eighth International Conference on Fiber-Reinforced Plastics for Reinforeed Concrete Structures (FRPRCS-5), 2007.

[131] 邓宗才，李建辉. 新型 FRP-混凝土组合桥面板的初步设计[J]. 玻璃钢/复合材料, 2007(6): 40-43.

[132] 代亮. 新型 GFRP-混凝土组合桥面板设计与试验研究[D]. 上海：同济大学, 2009.

[133] 郭涛. GFRP-混凝土组合桥面板受力性能试验研究[D]. 北京：清华大学, 2010.

[134] 郭诗惠，郭涛，张铟，等. GFRP-混凝土组合桥面简支板试验研究[J]. 中外公路，2012, 32(4): 99-105.

[135] 杨勇，刘玉擎，范海峰. FRP-混凝土组合桥面板疲劳性能试验研究[J]. 工程力学，2011, 28(6): 66-73.

[136] RISING R, WOLFRAM M. Testing and long-term monitoring of a five-span bridge with multiple FRP decks-performance and design issues[D]. Cincinnati: University of Cincinnati, 2003.

[137] VAN E G, HELDT T, MCCORMICK L, et al. An Australian approach to fibre composite bridges[C]//Proceedings of the International Composites Conference ACUN4, Composite Systems: Macro Composites, Micro Composites, Nano Composites, UNSW Sydney, 2002: 145-153.

[138] VAN E G, HELDT T, MCCORMICK L, et al. Development of an innovative fibre composite deck unit bridge[J]// IABSE Symposium Report. International Association for Bridge and Structural Engineering, 2002, 86(7): 1-13.

[139] 姚谏，滕锦光. 复合材料与混凝土的粘结强度试验研究[J]. 建筑结构学报, 2003, 24(5): 10-18.

[140] YAO J, TENG J G. Experimental study on bond strength between FRP and concrete[J]. Journal of Building Structures, 2003, 24(5): 10-18.

[141] TENG J G, CAOS Y, LAM L. Behavior of GFRP-strengthened RC cantilever slabs [J]. Construction and Building Materials, 2001, 15(7): 339-349.

[142] TENG J G, CHEN J F, SMITH S T, et al. FRP-stengthened RC structures [M]. Beijing: John Wiley and Sons Ltd., 2002: 13-24.

[143] UEDA T, DAI J G, SATO Y. A nonlinear bond stress-slip relationship for FRP sheet-concrete interface [C]. Kyoto: Piroc. International Symposium on Latest Achievement of Technology and Research on Retrofitting Concrete Structures, 2003: 113-120.

[144] 陆新征, 叶列平, 滕锦光, 等. FRP-混凝土界面粘结滑移本构模型[J]. 建筑结构学报, 2005, 26(4): 10-18.

[145] 彭晖, 尚守平, 张建仁. 预应力碳纤维板加固 T 梁的试验与理论研究[J]. 公路交通科技, 2009, 10(26): 59-65.

[146] 任慧涛. 纤维增强复合材料加固混凝土结构基本力学性能和长期受力性能研究[D]. 大连: 大连理工大学, 2003.

[147] 陆新征, 叶列平, 滕锦光, 等. FRP 片材与混凝土粘结性能的精细有限元分析[J]. 工程力学, 2006, 23(5): 74-82.

[148] NORDIN H, TALJSTEN B. Testing of hybrid FRP composite beams in bending[J]. Composites Part B: Engineering, 2004, 35(1): 27-33.

[149] HELMUELLER E J, BANK L C, DIETER D A, et al. The effect of freeze-thaw on bond between FRP stay-in-Place deck forms and concrete[C]. Montreal: Proceedings of the second International Conference on Durability of Fiber Reinforced Polymer (FRP) Composites for Construction, 2002: 29-31.

[150] 王言磊, 郝庆多, 欧进萍. GFRP 板与混凝土粘结性能试验[J]. 哈尔滨工业大学学报, 2009, 41(2): 27-31.

[151] 王文炜, 黄辉, 赵飞. 湿技术条件下的 GFRP 板-混凝土界面黏结性能试验研究[J]. 土木工程学报, 2015, 48(3): 52-60.

[152] 李天虹. FRP-混凝土组合梁受力性能及设计方法研究[D]. 北京：清华大学，2007.

[153] 郭诗惠，张建仁，高勇，等. 胶层厚度对 CFRP 板材与混凝土界面粘结性能影响研究[J]. 公路交通科技，2015, 32(9): 87-91.

[154] SCHWARTZENTRUBER A, BOURNAZEL J P, GACEL J N. Hydraulic concrete as a deep-drawing tool of sheet steel[J]. Cement and Concrete Research, 1999, 29(2): 267-271.

[155] BAZANT Z P, CANER F C, CAROL I, et al. Microplane model M4 for concrete. I: Formulation with work-conjugate deviatoric stress[J]. Journal of Engineering Mechanics, 2000, 126(9): 944-953.

[156] 李杰，吴建营. 混凝土弹塑性损伤本构模型研究 I: 基本公式[J]. 土木工程学报，2006, 38(9): 14-20.

[157] NEUBAUER U, ROSTASY F S. Bond failure of concrete fiber reinforced polymer plates at inclined cracks-experiments and fracture mechanics model [J]. Special Publication, 1999, 188: 369-382.

[158] NAKABA K, KANAKABO T, FURUTA T, et al. Bond behavior between fiber-reinforced polymer laminates and concrete[J]. ACI Structural Journal, 2001, 98(3): 359-367.

[159] MONTI G, RENZELLI M, LUCIANI P. FRP adhesion in uncracked and cracked concrete zones[C]. Singapore: Proc. 6th International Symposium on FRP Reinforcement for Concrete Structures World Scientific Publications, 2003.

[160] SAVIOA M, FARRACUTI B, MAZZOTTI C. Non-linear bond-slip law for FRP-concrete interface[C]. Singapore: Proc. 6th International Symposium on FRP Reinforcement for Concrete Structures World Scientific Publications, 2003.

名 词 索 引